LE VIN

1° PAR LE SUCRE — 2° PAR LES RAISINS SECS

LA VIGNE

EN TUNISIE ET EN ALGÉRIE

Par H. VALBY

Chimiste-Pharmacien de 1re classe,
Membre du Comité d'Agriculture et du Cercle des Agriculteurs de la Côte-d'Or,
de la Société Française de Physique, etc.

TROISIÈME ÉDITION

REVUE ET AUGMENTÉE

PRIX : 1 fr. 50

> Plus les préventions sont grandes, plus
> on doit lutter pour les faire disparaître.
> DIDEROT.

PARIS

SAVY, LIBRAIRE-ÉDITEUR

Boulevard Saint-Germain, 77.

1883

LE VIN

1° PAR LE SUCRE — 2° PAR LES RAISINS SECS

LA VIGNE

EN TUNISIE ET EN ALGÉRIE

DIJON. — IMPRIMERIE DE L'UNION TYPOGRAPHIQUE

MERSCH ET Cie

40, rue Saint-Philibert, 40.

LE VIN

1 PAR LE SUCRE — 2° PAR LES RAISINS SECS

LA VIGNE

EN TUNISIE ET EN ALGÉRIE

Par H. VALBY

Chimiste-Pharmacien de 1re classe,
Membre du Comité d'Agriculture et du Cercle des Agriculteurs de la Côte-d'Or,
de la Société Française de Physique, etc.

TROISIÈME ÉDITION
REVUE ET AUGMENTÉE

PRIX : 1 fr. 50

> Plus les préventions sont grandes, plus
> on doit lutter pour les faire disparaître.
> DIDEROT.

PARIS
SAVY, LIBRAIRE-ÉDITEUR
Boulevard Saint-Germain, 77.

1883

AVANT-PROPOS

Faire fabriquer des vins, pour dégrever le modeste budget du cultivateur et de l'ouvrier, et pour diminuer l'importation étrangère, *pousser à la culture de la vigne en Tunisie et en Algérie,* pour remplacer l'importation étrangère par l'importation africaine, tel était mon but en publiant la première édition de cette brochure. On ne peut contenter tout le monde. Les uns m'accusent de favoriser la fraude. Je leur répondrai par ces paroles de Dumas, de l'Institut: «Le sucrage mérite le titre de pratique bienfaisante. Mais à côté de l'usage légitime, sans doute il y a l'abus. Il sera toujours facile de prévenir l'abus du procédé et soumettre le commerce des vins à une surveillance capable de préserver le consommateur de l'intervention de ces piquettes n'ayant plus du vin que l'alcool et la couleur.

«Le sucrage légitime constitue une opération honnête, avouable et praticable au grand jour; le sucrage exagéré ne serait plus qu'une fraude tombant sous le coup de l'artile 423 du Code pénal, relatif à la tromperie sur la nature de la marchandise vendue. Il faut que chaque chose soit vendue sous le nom qui lui convient. »

Que l'acheteur s'entoure de toutes les garanties possibles d'origine et de qualité de la part du vendeur;

qu'il fasse vérifier par l'analyse les assertions et la pureté du produit vendu ; quelques exemples suffiront pour rendre les fraudeurs moins hardis et pour éclairer les propriétaires de bonne foi. Ceux qui m'engagent à persévérer, je les remercie sincèrement du bienveillant et affectueux témoignage qu'ils me donnent et leur répète les paroles de Michaud (1) : « Vous avez compris que la première et la plus importante des industries de notre pays, c'est l'industrie agricole ; vous avez compris aussi que le temps des préjugés et de la routine est passé, que les progrès de l'agriculture sont proportionnels au développement intellectuel des agriculteurs ; vous avez compris que le progrès de l'agriculture, c'est la richesse du pays et par conséquent de toute la population.

Dijon, le 1er Août 1883.

(1) Michaud, de Genève, auteur d'une excellente notice sur le vin.

LE SUCRAGE

DES RAISINS ET DES MARCS

§ I. — Autrefois le Midi nous fournissait des vins à 15 ou 20 fr. l'hectolitre. Aujourd'hui le phylloxera a ravagé une grande partie de nos vignobles méridionaux, et, loin de diminuer de violence, l'invasion continue et se propage peu à peu dans les domaines épargnés. Le vigneron, impuissant à lutter, après avoir mis en œuvre tous les moyens indiqués par la science, s'est résigné à l'épidémie. Les besoins d'une consommation beaucoup plus étendue, joints aux désastres phylloxériques, ont amené sur les vins une hausse considérable, qui grève lourdement le modeste budget de nos populations ouvrières et agricoles (1).

(1) Les pertes causées par le phylloxera sont considérables; en douze années nos récoltes sont réduites de 70 millions d'hectolitres à 30 millions. En 1869, la récolte avait produit 2 milliards 100 millions pour 70 millions d'hectolitres. Or, bien que le prix du vin ait renchéri considérablement, la récolte actuelle, qui varie entre 25 et 30 millions d'hectolitres, représente tout au plus une valeur d'un milliard 200 millions de francs. La perte annuelle de notre agriculture s'élève donc, de ce chef, à 900 millions, qui représentent l'écart entre l'année 1869 et aujourd'hui. Si durement frappée qu'elle soit,

Le commerce a cherché à combler le déficit de notre production indigène par l'importation de vins étrangers (Hongrie, Italie, Espagne) et par la fabrication de boissons de raisins secs, ou autres à qui souvent le fruit de la vigne demeure complètement inconnu. L'Algérie et la Tunisie plus tard, nous l'espérons, feront disparaître l'importation étrangère ; mais, en attendant, disons qu'il est possible, *sans rien demander aux peuples voisins*, par une meilleure utilisation de nos marcs de raisin, de doubler ou de tripler la production de nos boissons vineuses en des conditions de salubrité et d'économie que nous ne devrions pas négliger. C'est

l'agriculture n'est pas seule atteinte. Le renchérissement du vin dont nous parlions plus haut est cause que les consommateurs ont à supporter une surélévation d'un tiers, soit un surplus de dépense d'environ 300 millions en comparaison d'il y a douze ans.

Il faut également signaler les sacrifices d'un commerce qui, pour maintenir son courant d'affaires, fait aujourd'hui des achats considérables de vin à l'étranger.

Il y a une dizaine d'années à peine, l'importation des vins en France représentait une valeur de 8 à 10 millions de francs. Cette valeur s'est élevée, en 1881, à 364 millions de francs, et, en 1882, à 352 millions.

Or, notre exportation n'étant que de 250 millions à 255 millions de francs, il en résulte une différence de 100 millions de francs de vin que nous demandons à l'étranger pour notre propre consommation.

Récapitulons : 900 millions de francs provenant de la diminution de la récolte, 300 millions de dépenses pour les consommateurs, par suite du renchérissement des prix, 100 millions résultant de l'excédent des importations sur nos exportations, portent à 1 milliard 300 millions la perte totale subie annuellement par la France.

par l'emploi du sucre sur les moûts que l'on bonifiera la vendange provenant d'une année froide et pluvieuse ; c'est par une addition d'eau sucrée sur les marcs qu'on parviendra à faire du vin de consommation courante et à augmenter considérablement la récolte annuelle.

§ II. — L'analyse chimique révèle que le jus du raisin renferme du sucre et de l'eau, et que le vin renferme, comme principe distinctif, l'alcool. L'expérience démontre que l'alcool s'obtient par la fermentation du sucre dans l'eau. De l'ensemble de toutes ces connaissances, on a conclu que l'eau et le sucre, combinés avec du marc de vendange, pourraient produire le vin et on a cherché à l'obtenir. Toutefois, de ce que le vin est presque essentiellement composé d'alcool et d'eau, il ne faut pas supposer que l'on puisse l'obtenir par un simple mélange de ces deux subtances. « En vain même essaierait-on, dit Maumené, *d'ajouter les autres matières*, on n'obtiendrait ainsi qu'une liqueur plate et peu agréable. »

En effet, sous l'influence de la fermentation, des produits variés et nombreux se développent en même temps que l'alcool, et donnent aux vins ce parfum, cette saveur et ce bouquet qui les font tant différer les uns des autres. Pour avoir un liquide qui rappelle autant que possible, comme composition et comme saveur, le vin naturel, il faut employer les moyens qui se rapprochent le plus des procédes mis en œuvre par la nature. Depuis plus d'un siècle, tous les chimistes et viticulteurs qui se sont occupés de la question ont essayé l'amélioration et la fabrication des vins par le sucre. Macquer, il y a près d'un siècle, Gay-Lussac après lui, puis Chaptal l'ont employé. Depuis, les travaux plus récents de Mollerat, Petiot, Dubrunfaut, Maumené, et de Vergnette-Lamotte, en ont consacré l'usage.

§ III. — Le sucre, étant le producteur du vin, quel sucre faut-il employer? Nous rappellerons succintement ce qui a été dit et fait sur les glucoses, les sucres bruts, les sucres blancs tirant 98 à 99 0/0 de sucre pur. Nous ne dirons rien de la constitution chimique des différents sucres ; nous ne ferons que rechercher quel est celui qui donne le produit le meilleur, le plus économique, le plus riche.

« Le choix du sucre a une importance extrême ; on a commis une grande erreur en confondant, pour les ajouter au moût, les différents produits qui portent le nom de sucre dans le commerce. On a trop négligé de tenir compte des véritables rapports qui existent entre ces composés. On a surtout trop négligé de songer aux conditions de leur origine et aux matières étrangères qu'ils peuvent renfermer.

« Plusieurs des résultats obtenus par le sucrage ont excité de grandes clameurs parmi les œnologues, et l'on a voulu rejeter sur les chimistes une responsabilité qui ne leur appartenait pas uniquement, à beaucoup près. Il y a eu de la faute à tout le monde, comme cela se présente souvent dans les applications de théories délicates, et la faute mérite une étude attentive pour qu'on soit moins exposé dans l'avenir à la voir se commettre. » (Maumené).

§ IV. — Chaptal, ce ministre célèbre par ses connaissances scientifiques et par le discernement qu'il apportait dans les applications industrielles, entouré de savants autorisés, recommandait spécialement le sucre de canne (chaptalisation des vins). Mollerat, un peu plus tard, séduit par le bas prix du glucose tiré de la fécule de pomme de terre, préconisa dans le public l'emploi de ce produit artificiel. Son procédé se répandit rapidement en Bourgogne : mais les boissons défectueuses obtenues suscitèrent de nombreuses plaintes, et les viticulteurs bourguignons, menacés de voir se perdre la réputation méritée de leurs vins, durent abandonner cette méthode. L'emploi d'une matière quelconque dans la fabrication du vin doit éveiller toutes les sollicitudes d'un vigneron délicat. De plus, certains produits, lorsqu'il s'agit de les mêler au vin, sont toujours dangereux, sinon par eux-mêmes, du moins par les subtances étrangères que les abus de la fabrication en grand ne manquent pas d'y introduire. La plupart des glucoses de fécules du commerce sont dans ce cas. On en trouve qui renferment plus de 1 0/0 d'alun (Maumené). Nous avons encore trouvé pour notre part, de la dextrine, du sulfate de chaux (plâtre) et des traces d'une huile volatile particulière provenant sans doute du mauvais lavage des fécules, ce qui constitue un ensemble d'impuretés auxquelles les vins faits avec ce produit doivent cette saveur amère et fade qui les caractérise et une impression anormale d'onctuosité au palais.

Voici du reste les résultats qu'a donnés l'analyse d'un glucose employé en 1881 pour la fabrication d'un vin de seconde cuvée :

Sucre.	62,00
Sels minéraux. . .	3,20
Dextrine et divers	10,60
Eau	24,20
Total . . .	100,00

Chevalier, membre de l'Académie de médecine, et Baudrimont, professeur à l'Ecole de pharmacie de Paris, ont trouvé des glucoses altérés par la présence de la dextrine et du sulfate de chaux. M. Clouet, de Rouen, a signalé la présence de l'arsenic et de l'acide sulfurique libre. Fresenius a porté sur le glucose un jugement d'une sévérité telle, qu'il a motivé des décrets et des lois d'interdiction en Autriche. Par suite de l'erreur de Mollerat, on a confondu pendant un certain temps le glucose avec le sucre de raisin et cette erreur est encore propagée aujourd'hui par les fabricants de glucose.

Ce dernier, n'ayant pas la même composition que le sucre de raisin, ne donne pas, par la fermentation, des alcools identiques aux alcools du vin, et ces alcools, d'après l'autorité des docteurs Dujardin-Baumetz et Audigné, produisent de graves perturbations dans l'économie. Dans les vins que nous avons fabriqués et fait fabriquer en 1880 et 1881 à Dijon et aux environs, nous avons remarqué que le sucre de glucose ne fermentait pas entièrement, malgré toutes les précautions prises, qu'il en restait constamment dans le vin, ainsi que de la dextrine, c'est-à-dire des substances pouvant se transformer lentement soit en alcools divers, soit en produits d'altération fort dangereux pour la conservation et l'avenir des vins. Aussi les vins de glucose ont-ils constamment une pointe de fermentation. Dans des conditions pareilles, le glucose est un produit inférieur et malfaisant et doit être absolument rejeté : viticulteurs et chimistes sont d'accord sur ce point. Dernièrement encore, M. Dumas, de l'Institut, dans son rapport à la Société nationale d'agriculture (17 mai 1882) disait : « Les vins glucosés ont amené des mécomptes fâcheux. Le commerce les a frappés d'une dépréciation dont cette pratique ne s'est pas relevée. »

Il faut donc proscrire l'emploi du glucose pour les vins.

§ V. — Nous n'avons plus en présence que les sucres bruts de canne ou de betterave

et les sucres purifiés de même provenance.
Les sucres bruts ont la même composition
chimique que les sucres purifiés; ils se
comportent de la même façon qu'eux dans la
fermentation. Seulement renfermant, selon
les cas, 10 ou 15 0/0 de mélasse ou d'impuretés, ils ne donnent d'alcool que proportion-
nellement au sucre pur qu'ils contiennent. Avec
eux, on introduit des substances étrangères
nuisibles à la qualité des vins et qui donneraient
le goût de tafia (rhum) quand on emploierait
les sucres de canne, et le goût de betterave
quand on se servirait des autres. De plus,
beaucoup de sucres de canne ont déjà subi
eux-mêmes un commencement de fermentation
et sont par conséquent de qualité beaucoup
inférieure aux autres.

§ VI. — Il n'y a qu'un moyen d'éviter le goût
de rhum ou de betterave: c'est d'employer des
sucres purs, complètement privés de corps étrangers; avec le sucre blanc cristallisé tirant 98 à
99 de sucre pur, vous n'avez aucun des inconvénients des autres sucres. Le bouquet surtout n'est pas altéré.

Il est prouvé que le sucre existant dans le
raisin est absolument identique au sucre pur
de betterave ou de canne, lorsque celui-ci est
interverti par les acides ou les ferments. En
employant ce sucre, vous n'introduisez dans
votre vin aucun élément étranger au raisin.
Il fermente dans les mêmes conditions et donne

les mêmes alcools que le sucre naturel. Nous ajouterons qu'il fermente complètement, lorsque les proportions utiles d'alcool ne sont pas dépassées. *Nous insistons sur la complète fermentation du sucre blanc cristallisé;* c'est un fait de la plus haute importance au point de vue de la conservation du vin (Durin).

Nous avons fait remarquer plus haut qu'il n'en est pas ainsi du sucre de glucose.

M. Maumené, dans son remarquable travail sur les vins, recommande le sucre pur à l'exclusion de tous autres. Les expériences de M. de Vergnette-Lamotte sont venues confirmer de tout point les études chimiques de M. Dubrunfaut qui ne préconisait que le sucre pur cristallisé; et depuis, chimistes et viticulteurs n'ont pu qu'approuver la manière de voir de leurs devanciers (Durin, Lamboi, Ladrey, Pezeyre, Turrel).

« C'est donc par des motifs sérieux, conformes aux doctrines les plus saines de la science et confirmés par une pratique irréfutable, que la viticulture réclame l'usage du sucre de canne ou de betterave, *de ce sucre cristallisé,* qui, en ajoutant au vin l'alcool, la glycérine, l'acide succinique et quelques produits éthérés agréables de la fermentation, n'y fait rien intervenir qui puisse en altérer l'usage salubre, le bouquet ou la saveur. » (Dumas, rapport de 1881.)

§ VII. — On a souvent objecté en faveur des sucres bruts et des glucoses le haut prix du sucre cristallisé. Le rendement des sucres en alcool étant proportionnel au sucre pur qu'ils renferment, nous allons prouver que le prix du sucre cristallisé n'est pas un obstacle à son emploi, et que l'écart minime qui sépare les différents prix de l'alcool produit, n'est pas à comparer aux résultats obtenus, annoncés par la chimie, vérifiés par l'expérience.

En 1881, nous avons fait fabriquer chez divers propriétaires de la Côte-d'Or, des vins de deuxième cuvée; chacun d'eux a employé le sucre de son choix. Nous ne conseillerons pas de suivre l'exemple, unique à notre connaissance, de ce propriétaire qui a préféré le sucre en pains au sucre cristallisé. Si nous recommandons ce dernier au lieu du sucre en pains, c'est qu'à pureté sensiblement égale, il est d'un prix moins élevé, et que, comme il est en poudre ou en petits grains, il n'y a aucune préparation à lui faire subir pour le fondre. Dans le tableau ci-dessous, nous ne comptons pas le coût des manipulations, qui sont à peu près les mêmes pour toutes les espèces de sucre. Nous ferons exception "pour les glucoses qui nécessitent une quantité d'eau chaude plus considérable et un temps beaucoup plus long pour fondre.

QUALITÉ DU SUCRE	DEGRÉ du Sucre	PRIX des 100 k.	Rendement en Alcool	Prix de revient du litre d'alcool
Sucre en pains raffiné. . . .	100°	119ᵗ	59ˡ	2ᵗ » »
Sucre cristallisé blanc . . .	99	110	58	1 90
Sucres bruts	86	92	50	1 85
Glucose (sucre de maïs). . .	65	68	38	1 80

Le prix de revient de l'alcool produit par le sucre cristallisé tirant 99° de sucre pur, est de 1 fr. 90 avec un écart de 0 fr. 05 sur le sucre brut et de 0 fr. 10 sur le glucose. Mettrez-vous en balance ces 5 ou 10 centimes avec les bons résultats que vous obtiendrez par l'emploi du sucre cristallisé? Ne regretterez-vous pas votre parcimonie, lorsque, après avoir employé le glucose, vous aurez un liquide douceâtre, souvent dangereux, et, dans tous les cas, non vendable; quand, après avoir employé le sucre brut, vous aurez un produit à saveur de rhum dont il ne se débarrassera jamais? Ces 5 et 10 centimes n'existent pas en réalité; car, sur 100 kilos de sucre cristallisé vous avez 99 kilos de sucre pur; sur 100 kilos de sucre brut, vous n'aurez que 80 à 90 kilos de sucre pur, le reste comprend la mélasse et les impuretés. Sur 100 kilos de glucose, vous aurez, selon les produits, de 58 à 57 kilos de sucre pur, le reste n'est formé que d'impuretés, d'eau et de dextrine. Le transport de ces produits si divers est le même; vous payez aussi cher pour les impuretés que pour le sucre, et, en employant le sucre cristallisé, vous êtes assuré, non seulement de ne pas perdre votre récolte, mais de l'améliorer, si vous voulez employer le sucrage, et de la doubler et même tripler, si vous voulez faire un vin de seconde cuvée.

Le prix de revient de l'alcool étant sensiblement le même pour tous les sucres, on doit

donc proscrire l'emploi des glucoses et des sucres bruts et adopter absolument le sucre cristallisé.

« Ce sucre, qu'il provienne de la canne ou de
la betterave, est très blanc, en beaux cristaux
ou en poudre, d'une pureté très grande et contient ordinairement 99 0/0 de sucre. Son prix
est inférieur de 10 fr. au moins par 100 kilos à
celui du sucre raffiné en pains. » (J. Pezeyre).

SUCRAGE DES RAISINS

§ VIII. — Dans les années ordinaires, exemp-
tes d'accidents climatériques, la vigne amène
son fruit à parfaite maturité, et produit ainsi du
vin dont la qualité répond à l'espèce du raisin,
au sol, au climat et aux soins du viticulteur.
Sans autre effort du vigneron, le vin possède
naturellement toutes ses qualités.

« Mais, dit Maumené, dans les années froides
ou pluvieuses, lorsque la maturité du raisin ne
peut devenir parfaite, le vin présente un défaut
grave ». Il contient peu d'alcool et, nécessaire-
ment aussi, peu de principes qui s'y rattachent
(les autres alcools, les éthers); il n'a pas de

force ni de bouquet ; en même temps il conserve les acides du jus de raisin, dans lequel on en trouve d'autant plus qu'il y a moins de sucre, et même après la fermentation la plus complète, il forme un liquide peu agréable. Ce défaut se présente malheureusement chaque année pour un assez grand nombre de vins ; on l'a rencontré surtout pendant les dernières années, où la température et la maladie de la vigne ont produit tant de résultats malheureux.

Le défaut du sucre dans le jus de raisin, qui entraîne celui de l'alcool dans le vin, ne borne pas là ses conséquences. En général, les vins sont plus riches en matières azotées et plus disposés à perdre leurs qualités déjà si affaiblies. De là des altérations fâcheuses et quelque fois même la perte entière du vin. Nous devons donc examiner très soigneusement ce que la science peut nous apprendre sur un sujet si important.

§ IX. — Le moyen le plus simple et le plus logique de réparer la perte d'alcool due au manque de sucre est d'employer le sucre lui-même. On a souvent essayé de mettre de l'alcool dans le vin. Cette méthode paraît plus simple au premier abord, mais elle offre de réels et grands inconvénients.

Ces deux procédés se nomment le sucrage et le vinage.

Quel est le meilleur et le plus économique ?

D'abord on voit sans peine que le sucre mis

en fermentation au contact des autres parties du raisin doit produire autre chose que de l'alcool pur ; il peut fournir les autres alcools du vin, rendre plus facile la formation des éthers, etc., qui constituent le bouquet.

« L'addition de l'alcool présente un autre inconvénient beaucoup plus grave : elle conserve le ferment. Tandis que le sucre mis dans le vin, pour réparer sa faiblesse, détruit l'activité du ferment et procure au vin toutes les qualités qui le rendent stable; l'alcool ne peut en rien déterminer le même résultat, et les vins alcoolisés ne sont jamais aussi solides que les mêmes vins dans lesquels on a produit la même dose d'alcool. » (Maumené.) Les moindres traces de corps étrangers dans l'alcool se font sentir après le mélange, quelquefois pour toujours et souvent de la manière la plus fâcheuse, tandis qu'on ajoute impunément, au point de vue du goût, de l'alcool tiré du vin, il est impossible d'ajouter sans crainte de l'alcool de betterave ou de pomme de terre. « Les vins alcoolisés produisent l'ivresse alcoolique à la manière de l'absinthe, tandis que les vins soumis au sucrage se comportent exactement comme les vins naturels. » (Turrel.) Enfin, la couleur, soluble il est vrai, dans l'alcool, se trouve en plus grande abondance après la fermentation du sucre dans le moût. Nous concluons de ceci que le sucrage est supérieur au vinage. Est-il plus économique? « Du temps de Chaptal, le sucre était d'un

prix trop élevé pour l'amélioration de la vendange. La cherté du sucre blanc cristallisé a été
depuis longtemps un obstacle infranchissable
à son emploi dans la vinification ; mais, l'impôt
ayant été diminué en 1880, la viticulture a pu
en faire l'essai fructueux aux vendanges de
1881, aux dépens du vinage. Elle en a retiré un
bénéfice de plus de 20 millions ; et ce bénéfice
sera bien plus considérable cette année. » (Pezeyre.)

On a trois manières d'enrichir le degré alcoolique de sa vendange :

1° On peut acheter l'alcool pour le mettre dans
le moût ;

2° On peut le produire en brûlant une partie
du vin ;

3° On peut enfin le fabriquer dans le vin même
en y ajoutant du sucre.

Voici le prix de revient de ces trois manières
de procéder :

. Le litre d'alcool acheté coûtera, rendu chez
le vigneron, 0 fr. 80. A ce prix, il faut ajouter le
droit du trésor de 1 fr. 56, et souvent, selon les
lieux habités, un droit d'octroi plus ou moins
élevé : les deux droits peuvent être évalués, sans
rien exagérer, dans la moyenne des communes,
de 1 fr. 70 à 1 fr. 80.

Le litre d'alcool coûtera donc en totalité de
2 fr. 50 à 2 fr. 60 (à Dijon, le prix de revient est
de 2 fr. 65).

Si au lieu d'acheter l'alcool le vigneron dis-

2

tille une partie de son vin pour enrichir le reste, voyons quel sera le coût de cette opération. Nous ne pouvons passer en revue tous les cas qui se présentent : nous prendrons pour exemple un vin commun au plus bas prix actuel des vins qui peuvent se consommer, et notre exemple indiquera ainsi le prix minimum de l'alcool obtenu, puisque, plus le vin sacrifié aura de valeur, plus l'alcool qu'on en retirera coûtera cher.

Nous supposons qu'un vin contenant 8 0/0 d'alcool, possède une richesse suffisante pour la consommation courante ; si le vin ne renferme que 6° d'alcool, et qu'on évalue au minimum sa valeur à 30 fr. l'hectolitre, en le distillant, un hectolitre donne 6 litres d'alcool qui serviront à enrichir le reste. Ces 6 litres coûteront 30 fr. sans compter les frais de distillation, ce qui fait 5 fr. le litre. Par le sucrage, au contraire, sachant qu'il faut 1 kil. 700 de sucre cristallisé à 1 fr. 10 le kil. pour produire 1 litre d'alcool, ce dernier ne revient qu'à 1 fr. 87 le litre.

D'où, en résumé, nous concluons que le litre d'alcool acheté revient à 2 fr. 60 le litre.

Tiré du vin, à 5 fr.

Produit par le sucre, à 1 fr. 87.

Et qu'au point de vue économique, le sucrage est encore de beaucoup préférable au vinage. Enfin, outre ces avantages faciles à calculer, il est incontestable que les viticulteurs ont le plus grand intérêt à produire la plus grande quantité possible de vin naturel pour contrebalancer les pertes énormes que leur font subir les atteintes du phylloxera, le défaut de maturité, l'oïdium, la grêle, la pourriture. Ils doivent donc faire les plus grands efforts non seulement pour ne pas perdre la plus faible quantité du vin, mais encore pour l'améliorer et en augmenter la production dans les meilleures conditions d'économie et de qualité possible. Après avoir démontré l'avantage général du sucrage, il nous reste à donner un court aperçu de la manière pratique de l'appliquer.

§ X. — La vendange, foulée ou écrasée, présente, au moment de son entrée dans la cuve, une composition utile à connaitre :

1° La partie solide appelée *marc* après le pressurage ;

2° La partie liquide appelée le *jus* ; le mélange des deux constitue ce que l'on appelle *moût*.

La partie solide comprend environ 1/3 de la vendange ; on trouve les acides surtout dans la grappe, la couleur dans les pellicules, les matières grasses dans les pepins ; l'acide tannique est répandu dans toute la masse ; la partie liquide, le jus, est la plus importante. Sa densité (c'est-à-dire le poids d'un litre) varie selon les années, dépend de la maturité du raisin, et oscille entre 1,040 comme minimum et 1,150 comme maximum. Le jus se décompose ainsi :

Eau.	860	. . . .	830
Sucre de raisin . . .	150	. . . .	300
Sels, acides, etc. . .	30	. . . .	20
Total minimum . . .	1,040	Total maximum . .	1,150

Dans les années froides et pluvieuses, où le raisin n'arrive qu'à une maturité douteuse, la densité du moût se rapproche du minimum. Lorsque le raisin est mûr, le contraire se produit. La richesse moyenne du moût, en France, est de huit degrés densimétriques, et celle du vin de 10 à 11 0/0 en volume. On peut, par l'indication du degré densimétrique du moût, connaitre la richesse alcoolique du vin qui en proviendra. La densité doit se prendre avec un densimètre centésimal de Gay-Lussac pour les corps plus lourds que l'eau. Cet instrument donne directement le poids du liquide où on le plonge, et cela avec un précision absolue, tandis que les degrés des aéromètres, divers, multiples, répandus dans le commerce, sont relatifs et fondés sur des bases on ne peut plus vaines. Il faut donc s'en tenir au seul et unique densimètre de Gay-Lussac.

On plonge l'appareil dans le jus du raisin filtré à travers un linge. Le degré indiqué par l'instrument exprime la densité, la quantité de sucre de raisin contenu dans un hectolitre, et le degré alcoolique qui en proviendra conformément au tableau suivant :

DEGRÉ Densimétrique	DENSITÉ	Sucre de raisin et extraits secs par hectol.	ALCOOL par hectolitre
1°	1.010	2^k 600	1^l 300
1° 1/2	1.015	3 850	1 925
2°	1.020	5 100	2 550
2° 1/2	1.025	6 350	3 176
3°	1.030	7 600	3 800
3° 1/2	1.035	8 850	4 425
4°	1.040	10 100	5 050
4° 1/2	1.045	11 350	5 675
5°	1.050	12 600	6 300
5° 1/2	1.055	13 850	6 925
6°	1.060	15 100	7 550
6° 1/2	1.065	16 350	8 175
7°	1.070	17 600	8 800
7° 1/2	1.075	18 850	9 425
8°	1.080	20 100	10 050
8° 1/2	1.085	21 350	10 675
9°	1.090	22 600	11 300
9° 1/2	1.095	23 850	11 925
10°	1.100	25 100	12 550
10° 1/2	1.105	26 350	13 175
11°	1.110	27 600	13 800
11° 1/2	1.115	28 850	14 425
12°	1.120	30 100	15 050

Sans avoir une précision absolue, les indications de ce tableau sont suffisantes pour renseigner les viticulteurs et pour la pratique de la vinification. Supposons que, dans les bonnes années, le densimètre marque dans le moût 8°, conformément au tableau ci-dessus, la densité sera 1,080 ; 1 hectolitre renfermant 20 kil. de sucre de raisin rendra en alcool 10 litres 05 (c'est-à-dire que le vin aura 10° environ). Si dans une année médiocre le densimètre marque 6°, la densité sera 1,060 ; la quantité de sucre renfermée dans un hectolitre (15 kil. 100) ne donnera au vin qu'un degré alcoolique de 7,55 (7° 1/2 environ). Il faudra donc élever de 2° 1/5 la richesse alcoolique du moût pour l'amener au degré 10 des bonnes années et employer dans ce but 4 kil. 250 gr. de sucre cristallisé d'après le tableau suivant gradué par 1/2 degrés alcooliques. Ce tableau vous indiquera immédiatement la quantité de sucre proportionnelle au degré que vous voudrez donner à votre vin.

§ XI. — Pour augmenter la richesse alcoolique du moût de :

1°	Il faut y ajouter	1 kil.	700	de sucre
1° 1/2	—	2	500	—
2°	—	3	400	—
2° 1/2	—	4	250	—
3°	—	5	100	—
3° 1/2	—	5	950	—
4°	—	6	800	—
4° 1/2	—	7	650	—
5°	—	8	500	—
5° 1/2	—	9	350	—
6°	—	10	200	—
6° 1/2	—	11	050	—
7°	—	11	900	—

Il faut laisser la fermentation naturelle s'établir dans le moût, avant de faire l'addition du sucre ; puis, quand elle est commencée, saupou-

drer la vendange avec la quantité de sucre nécessaire.

Il est bien entendu que les vignerons ne de-
vront pas négliger toutes les précautions ordinaires pour obtenir une bonne fermentation,
telles que température constante variant de 15
à 25 degrés de chaleur, chapeau constamment
submergé sous le jus, foulage, etc.

Si l'emploi rationnel du sucre améliore la vendange, l'abus lui est nuisible, et un excès de
sucre produit un excès d'alcool qui entrave et
paralyse la fermentation. De plus, il peut rester
dans le vin du sucre indécomposé, et ce sucre,
toujours prêt à fermenter, est une source d'altération du vin. La quantité de sucre à employer
pour l'amélioration du moût variera d'abord
pour les divers cépages et pour les diverses
régions ; de plus, pour chaque cépage et pour
chaque région, elle variera aussi suivant les
années. Il faut donc que chaque viticulteur,
connaissant la nature des vins qu'il obtient
dans les années les plus favorables, élève toujours la richesse de ses moûts au niveau de celle
qu'ils ont naturellement dans les bonnes années,
par une addition de sucre complémentaire soigneusement calculée.

Lorsqu'on sucre la vendange, il n'est pas
nécessaire d'ajouter d'autres éléments : les acides et les sels existent toujours en abondance
dans ce moût défectueux. Dans le cas où la
coloration est faible, deux ou trois plans de

teinturiers, mis dans la fermentation, suffisent généralement pour la cuve entière.

§ XII. — Quand parfois la récolte ne parvient pas à maturité, le raisin ne contient que peu de sucre et le jus qui en provient est excessivement acide (en terme de vigneron, il est à la verte, il est vert). Pour remédier à ce défaut, on peut employer le marbre blanc qui neutralisera une partie de l'acidité. Ce procédé étant fort délicat et sortant de notre cadre, nous renverrons le viticulteur aux traités spéciaux sur les vins. Nous ne parlerons que du moyen le plus simple et qui n'introduit dans le moût aucun élément étranger au jus de la vigne. Lorsque la vendange se trouve dans les conditions précitées, elle renferme 2, 3 ou 4 fois plus d'acides que les moûts des années ordinaires, il faut alors employer la méthode de sucrage et concurremment avec elle le procédé du mouillage qui consiste à ajouter au moût, déjà sucré, une quantité d'eau sucrée égale au tiers ou au quart de la récolte. Cette eau sera sucrée selon les données exposées au sujet des vins de deuxième cuvée. Voici le résultat que l'on obtient par les deux procédés réunis : Par le sucrage on donne au vin le sucre qui manque au raisin ; par le mouillage, on produit un liquide vineux qui emprunte au moût l'excès des principes acides qu'il possède ; on diminue la verdeur du vin tout en augmentant la production d'une mauvaise année. Le viticulteur

devra apprécier avec tact la quantité d'eau
sucrée à ajouter. S'il en met trop, il n'obtiendra qu'un vin plat ; s'il n'en met pas assez, son
vin sera encore acide ; c'est une affaire de goût
et d'expérience.

SUCRAGE DES MARCS

§ XIII. — Lorsque le vin est terminé et soutiré, il reste dans la cuve la partie solide du
moût, communément appelée marc, et composé
de rafles, de pepins, de pellicules. A la faveur
de la fermentation, il s'est dissout environ 2 à
3 0/0 des produits particuliers qui se trouvent spécialement dans le marc, et c'est dans
ces produits-là seulement que se trouvent les
principes spécifiques du vin. L'analyse chimique a démontré qu'après le pressurage
et une première fermentation, il en reste
encore une quantité 4, 5, 6 fois plus grande
que celle qui a été enlevée par la première
opération pour constituer le vin ordinaire,
et que ces principes sont encore capables de
se dissoudre en certaines proportions pendant le phénomène d'une nouvelle fermentation.
En ajoutant alors au marc de raisin une quantité d'eau sucrée équivalente au vin soutiré, il
est supposable qu'après fermentation, nous
aurons une seconde cuvée d'un vin nouveau

renfermant les mêmes principes que le premier et possédant aussi toutes ses propriétés. L'expérience confirme entièrement cette manière de voir. Macquer, il y a près d'un siècle, fit ses premières tentatives. Petiot, il y a 25 ans, opéra en grand en Bourgogne, et depuis les viticulteurs ont recommencé avec fruit les expériences, soit pour produire des vins de 2ᵉ, 3ᵉ ou 4ᵉ cuvée, soit pour produire des eaux-de-vie qui ne le cèdent en rien, comme richesse, aux eaux-de-vie de vin naturel. La diminution de l'impôt sur le sucre en 1880 a permis d'en fabriquer des quantités considérables en 1881, et il est présumable que la pratique s'en répandra de plus en plus dans nos vignobles. Beaucoup de propriétaires de la Côte-d'Or en ont fabriqué; les uns ont réussi, sont satisfaits et recommenceront; d'autres, pour une cause ou pour une autre, ont perdu leur sucre et leur marc, et disent que le procédé ne vaut rien. Ils sont dans l'erreur : le procédé est bon, il suffit de savoir l'employer. Malheureusement, dans nos campagnes, on ne s'entoure pas de toutes les précautions nécessaires pour mener à bien la *fermentation*, qui est une des *conditions dominantes* d'une bonne réussite, et, quand une première opération renferme déjà en elle-même des ferments acides et même putrides, il est complètement impossible d'obtenir un bon résultat pour une deuxième. Le plus souvent, la fermentation arrive à bien parce qu'elle doit réussir; mais on ne s'occupe ni du degré de chaleur, ni du chapeau de la vendange qui porte en lui tous les germes d'une prompte décomposition. De plus, au défaut d'une mauvaise fabrication, plusieurs vignerons ont ajouté l'emploi de produits inférieurs (sucre brut, glucose ou colorants de toute nature), et ont introduit par là même dans leur vin des éléments étrangers qui ont aidé puissamment à leur insuccès. Tout ceux qui ont pratiqué avec soin et intelligence cette fabrication en ont été satisfaits et déclarent que leur deuxième vin est au moins égal en qualité au vin de première cuvée.

Nous admettons qu'il est un peu inférieur, mais pourtant nous affirmons qu'il fait encore de très bon ordinaire et se conserve fort bien (1).

Les vins bien réussis, goûtés à loisir par les vignerons, sont trouvés de bonne qualité et plaident plus en leur faveur que tous les écrits les plus élogieux. « Partout les résultats acquis parlent d'eux-mêmes, dit Maumené; tous les esprits éclairés ne s'en étonneront pas : s'ils pouvaient causer de la surprise, ce serait uniquement parce qu'il a fallu près d'un demi-siècle pour les voir mettre en pratique sagement et sur une grande échelle. » Les seconds vins

(1) M. B..., de Dijon, dans un dîner d'amis et de gourmets, a servi comme ordinaire un vin de deuxième cuvée fait avec tous les soins désirables et tellement bien réussi, qu'aucun des convives ne s'en est aperçu, et que tous l'ont trouvé excellent.

ressemblent par tous les points essentiels aux vins naturels des même crûs ; les principaux éléments s'y retrouvent à peu près comme dans les produits naturels de la vigne. Les éléments secondaires, les moins importants, ceux qui deviennent souvent nuisibles, s'y trouvent diminués ; ce sont donc autant de conditions favorables.

§ XIV. — Voici la composition donnée par l'analyse de vins de deuxième cuvée fabriqués en grand, en 1881, avec le sucre pur en pains ou en cristaux. (Nous ne donnerons pas l'analyse des vins fabriqués avec sucre brut ou le glucose, leur étude n'ayant qu'un intérêt chimique.)

VIN DE GOUTTE

	Dijon nord A	Dijon nord B	Dijon est
Alcool	8,80	9,12	9,60
Extrait sec. . . .	26,14	27,32	24,61
Crême de tartre.	2,01	2,33	2,67

VIN DE 2ᵉ CUVÉE

	Dijon nord A sucre brut marcs pressés	Dijon nord B sucre crist. marcs pressés	Dijon est sucre en pains marcs non-pr.
Alcool	9,19	10,10	9,72
Extrait sec. . . .	20,09	17,43	25,30
Crême de tartre	2,30	2,12	2,07

Aux marcs pressés ou non, il a été ajouté par

hectolitre 13 grammes de tannin de cachou et 40 grammes d'acide tartrique.

En étudiant attentivement ce tableau, on avouera qu'il devient difficile de distinguer le vin de deuxième cuvée du vin naturel, et les personnes les plus hostiles au vin d'imitation ne pourront refuser de convenir que ceux-ci n'ont au moins rien de dangereux.

§ XV. — On peut fabriquer les vins de deuxième cuvée de deux manières :

1° En retirant de la cuve tout le vin de goutte qui s'écoule, sans presser ;

2° En pressant légèrement la première cuvée de manière à n'employer pour la deuxième que la partie sèche de la vendange, le marc.

Dans le premier cas, on a laissé dans la cuve environ 30 0/0 de vin naturel qu'on aurait récolté. Ce procédé donne au vin de deuxième cuvée plus de corps, plus de couleur, et, comme on peut le voir dans le tableau plus haut (Dijon est, marc non pressé), plus d'extrait sec, et par conséquent plus de produits alimentaires que ceux qui n'ont été fabriqués que par le marc pressuré. Il est par conséquent plus riche et meilleur. La supériorité du produit, dans ce cas, compense-t-elle la perte que subit le vigneron sur le 1/3 de sa récolte, qui se trouve dans le deuxième vin? Nous ne le pensons pas. La différence entre les analyses des vins faits avec les marcs secs et les précédentes est trop minime et nous autorise à conseiller aux vignerons de presser leurs marcs. Par ce moyen, on n'aura que deux espèces de vins : le vin de goutte et le vin de marc, et l'on supprimera ce procédé bâtard qui est excellent pour les propriétaires qui consomment eux-mêmes, mais qui, commercialement parlant, n'amènerait que des mécomptes, des ennuis et des procès. Car ce n'est ni du vin de goutte, ni du vin de marc. Celui qui voudra avoir le mélange des deux, fera mieux de le faire lui-même dans la proportion qui lui plaira.

Nous allons donner les principes dont il faut se pénétrer pour réussir :

Une des conditions essentielles est le choix d'excellents produits. Le sucre est le principal d'entre eux, autant à cause de son prix que de l'importance de ses qualités. Nous avons énuméré plus haut les inconvénients des glucoses et des sucres bruts. Nous n'y reviendrons pas, et nous choisirons le sucre blanc, titrant de 98 à 99 kilos de sucre pur par 100 kilos. Avec ce produit en poudre ou en petits cristaux, les manipulations sont faciles. Il fond bien, fermente complètement et donne pour 1,700 gr. 1 litre d'alcool pur à 100 degrés, dont le prix de revient est 1 fr, 90. « L'eau, dit Lamboi, devra être limpide et potable ; de préférence on emploiera l'eau de fontaine ou de rivière ; à la rigueur on pourra se servir de l'eau de puits, quoique celle-ci, souvent chargée de sels calcaires, retarde la fermentation. Il faut, avant tout, éliminer les eaux stagnantes, de mares, de fossés, qui, contenant toujours des matières organiques, occasionneront l'altération du vin. »

Le marc sera dans un excellent état de conservation, privé de moisissure ou d'odeur de vinaigre.

Il faut que, dans chaque opération, le moût et le marc se trouvent toujours dans des conditions identiques à celles de la première opération faite sur les raisins et, pour cela, que le volume d'eau sucrée employée représente exactement le volume du vin naturel retiré. Si par exemple, on a retiré 10 hectolitres de vin de goutte, il faut les remplacer sur le marc par 10 hectolitres d'eau sucrée, et cela dans les proportions d'eau et de sucre indiquées dans le tableau ci-dessous. Il faut aussi que chaque viticulteur (comme nous l'avons recommandé pour le sucrage), connaissant la nature des vins qu'il obtient dans les bonnes années, sucre l'eau employée de manière à obtenir un vin égalant en alcool la richesse de ses meilleurs vins naturels. La moyenne est pour la Bourgogne de 8 à 11°. Il faut 1 k. 700 de sucre pour produire après fermentation 1 litre d'alcool ; autant de fois nous voudrons obtenir de litres d'alcool, autant de fois il nous faudra dissoudre dans un hectolitre d'eau 1 kil. 700 de sucre. Pendant la fermentation, il se fait une perte de volume du liquide. Les quantités d'eau conte-

nues dans le tableau suivant ont été calculées
pour compenser cette perte.

§ XVI.

	Degré alcoolique	Sucre en kilos	Eau en litres
Pour obtenir	5° il faut	8,500 et	101
	5° 1/2	9,350	101
	6°	10,200	100
	6° 1/2	11,050	100
	7°	11,900	99
	7° 1/2	12,750	99
	8°	13,600	98
	8° 1/2	14,450	98
	9°	15,300	97
	9° 1/2	16,150	97
	10°	17,000	96
	10° 1/2	17,850	96
	11°	18,700	95
	11° 1/2	19,550	95
	12°	20,400	94

Quoique ces chiffres n'aient pas une exactitude
rigoureuse, ils se rapprochent suffisamment de
la vérité pour servir utilement aux intérêts du
viticulteur. Ainsi, pour obtenir 100 litres de vin
à 8° 1/2 d'alcool, il faudra faire fondre 14,450 de
sucre dans 98 litres d'eau et verser le tout sur le
marc. Les vignerons qui achèteraient des marcs
pressurés doivent se rappeler que le marc constitue environ le tiers de la vendange ; il faudra
donc en employer 50 kil. par hectolitre de vin
que l'on voudra produire. Une partie de l'eau
devra être chauffée ; le sucre n'en fondra que

mieux, et la fermentation n'en sera que meilleure ; car il faut qu'elle ait lieu entre 16 et 25° de chaleur ; 10 litres d'eau bouillante environ sont nécessaires pour élever à 20° de chaleur 100 litres de moût.

§ XVII. — La fermentation surtout sera l'objet de tous les soins du viticulteur. Malheureusement, dans nos campagnes on ne prend aucune précaution sérieuse et les procédés les plus mauvais continuent d'être employés.

Lorsque la fermentation commence, le marc est soulevé et forme à la surface du liquide une couche épaisse qui peu à peu s'élève ; c'est ce que l'on appelle le chapeau, qui contient tous les ferments. De sorte qu'au sommet de la cuve, le vin est en pleine fermentation et peut souvent être terminé quand la partie inférieure est encore sucrée. On remédie imparfaitement à cet état de choses par le foulage qui mêle les liquides et met en contact toutes les parties avec le ferment. Des accidents d'une toute autre nature et beaucoup plus graves se produisent encore trop souvent. Au contact de l'air, le chapeau devient acide et répand une odeur de vinaigre ; la fermentation alcoolique se transforme en fermentation acétique, et quelquefois la décomposition allant encore plus loin, un commencement de fermentation putride se déclare. Le vigneron foule sa vendange, fait pénétrer le chapeau dans le liquide qui dissout tous les principes alcooliques, acétiques et autres qui sont solubles et donne au vin ce goût que l'on peut prendre pour un goût de terroir et qui n'est généralement qu'un commencement de pourriture. Il faut donc empêcher ces opérations incomplètes, ces décompositions qui peuvent compromettre la vendange, et faire en sorte que la fermentation ait lieu partout au contact du marc.

Si on peut éviter la formation du chapeau à la partie supérieure de la cuve, on préviendra toute altération du marc et du vin. Or la chose est facile ; voici les procédés les plus simples et les plus employés.

On protège l'ouverture inférieure au moyen d'un balai ou de sarments de vigne ; puis, immédiatement au-dessus, on place un petit plancher à claire-voie, sur lequel on émiette une portion du marc ; on met ensuite une nouvelle claire-voie, puis une couche de marc et ainsi de suite en alternant jusqu'à ce que tout le marc se trouve placé ; 4 ou 5 claies suffisent généralement. On termine par une claire-voie qui devra se trouver à un niveau tel, qu'elle reste toujours baignée par le liquide. On doit avoir soin de fixer chaque plancher à une hauteur convenable pour éviter que la force de la fermentation ne fasse monter le marc et les claies.

De cette façon, lorsque vous tirez le vin, si les planchers sont fixés, le marc se dépose sur eux à chaque étage ; s'ils sont mobiles, ils descendent avec lui; mais, lorsque vous remettez la même quantité de liquide pour une nouvelle opération, ils remontent avec lui pour reprendre leur première position.

Si l'on résume les effets produits par l'emploi de l'appareil et du procédé que nous avons détaillé, on voit:

Que le marc du raisin a été sans cesse en contact avec le liquide et la température de la cuve constante dans toutes ses parties;

Que la fermentation est plus rapide et plus complète;

Que la coloration se fait mieux;

Que le marc, étant resté toujours immergé, ne s'est trouvé en aucun point exposé à l'action de l'air.

Ce procédé, inventé par Michel Perret, préconisé par Vimont, est excellent et tous les vignerons qui l'ont utilisé en ont été satisfaits.

Plusieurs autres ont voulu le simplifier et n'ont employé que deux claies ou même une seule.

Il suffit d'avoir un faux fond en bois percé de trous; ce faux fond, maintenu dans la cuve, un peu au-dessous du niveau de l'eau, soit par des tasseaux, soit par des montants pourvus de chevilles, fait obstacle à la sortie du chapeau.

L'emploi de ce procédé est à recommander dans tous les cas, aussi bien pour les cuvées de vin naturel que pour les cuvées de boissons fermentées, fabriquées avec de l'eau sucrée ou des raisins secs. Il dispense de refouler le chapeau pendant la fermentation, opération qui n'est pas toujours sans danger pour les vignerons. Chaque jour, pendant la fermentation, il faut avoir soin de soutirer par le bas et de rejeter par le haut une certaine quantité de moût. Le marc se trouve ainsi aéré au profit de la coloration et le liquide n'en est que mieux mélangé.

Pendant la fermentation, le local et les cuves doivent être tenus chaudement, à l'abri de courants d'air froid, et l'on peut, si elles sont mal placées, les défendre avec des couvertures ou des paillassons.

Avec le densimètre et le thermomètre, on surveillera de temps à autre la marche de la fermentation ; et lorsque la densité et la température resteront constantes, la densité étant généralement inférieure à 1,000, la fermentation sera terminée. Les vins bien travaillés ont une densité moyenne de 0,990 à 0,995.

Aussitôt le vin fait, il faut avoir soin de ne pas laisser le marc en contact avec lui ; on évite par là une perte d'alcool qui est absorbé par le marc en proportion du temps pendant lequel ce dernier reste immergé dans le liquide. On décuve, comme d'habitude, et la fermentation s'achève dans les tonneaux.

A partir de ce moment, les soins sont ceux que l'on donne aux vins ordinaires. Dans les opérations successives de troisième ou quatrième cuvées, si l'on veut aller jusque-là, nous ne conseil-

lons pas de pressurer le marc deux ou trois fois
desuite. Le vin qui découle de la presse ne serait
pas à beaucoup près aussi fin que le vin de marc
que l'on retire de la cuve. Pendant les dernières
pressées, les marcs n'abandonnent pas de liquide
sans être comprimés au point de donner de leur
propre jus ; le tannin domine dans ce liquide, et
si la couleur des pellicules est elle-même fortement exprimée, l'avantage qu'on obtient par la
couleur est plus que détruit par l'inconvénient
de l'augmentation du tannin.

§ XVIII. — La différence la plus sensible
entre les vins de marc et les vins de goutte, c'est
qu'ils restent plus doux; ils sont plats : on sait,
en outre, que c'est par l'action des acides
du vin sur son alcool que se forment les éthers
œnanthiques ou bouquet des vins.

Le vin de goutte a enlevé une grande partie
des acides et des sels, et naturellement les plus
solubles. Ce sont, en général des tartrates acides (crème de tartre) et acides tanniques qui
se trouvent en abondance dans le premier vin,
et son amélioration est due au dépôt de ces
sels dans les lies et sur les douves des tonneaux.

Pour remédier à la platitude des vins de
marc et faciliter le développement du bouquet,
il est bon d'ajouter à la cuve de fermentation
les sels qui lui manquent. La dose par hectolitre oscillera, suivant les années et la maturité
des grains, de 40 à 100 grammes d'acide tar-

trique, de 10 à 30 grammes de tannin de cachou.
Le tannin de cachou pulvérisé sera saupoudré,
et l'acide préalablement dissous sera versé et
mélangé au moût.

L'acide tartrique se combine aux sels de
potasse renfermés dans les grappes pour former
la crême de tartre que l'on trouve en abondance
dans les lies et en plus petite quantité dans le
vin. Le tannin de cachou a pour lui son origine
végétale, et sa couleur rouge, inodore et sans
danger, qui vont encore ajouter à la coloration
dn vin (1).

Ces chiffres que nous donnons plus haut sont
purement approximatifs ; il faudrait, pour être
exact, faire l'analyse du marc de chaque vin et le
dosage en sels et acides. Dans le cas contraire,

(1) Le tannin est par lui-même l'élément conservateur des
vins ; il rend des services incontestables, en les préservant de
cette maladie appelée *graisse* et qui est due à un ferment
spécial appelé *gliadine*, ferment qui agit avec d'autant plus
de promptitude et d'énergie, que les vins au sein duquel il se
produit et se développe sont moins riches en tannin. Le tannin, comme le prouvent des expériences rigoureuses, jouit
en effet de la propriété de précipiter ce ferment et de le
rendre complètement inactif. Il est donc naturel de remédier
à l'absence du tannin des vins par une addition convenable
de tannin artificiel *ayant la même composition*. La plupart
des tannins du commerce contiennent une partie de l'éther et
des autres véhicules employés à leur extraction, liquides souvent mal rectifiés et dont la présence communique aux vins
tannisés, tant rouges que blancs, une odeur et une saveur
désagréables impossibles à faire disparaître, et qui enlèvent
à des produits souvent précieux la moitié de leur valeur. Ces
tannins du commerce contiennent en outre des matières
solides autres que le tannin (souvent en très grande propor-

la quantité à mettre sera laissée à l'appréciation du viticulteur.

§ XIX. — Nous avons été amené à ces chiffres par les bons résultats obtenus et les analyses que nous avons faites de deux vins fabriqués sans aucune addition étrangère autre que celle du sucre :

	Gevrey 1re cuvée	Gevrey 2e cuvée	Dijon 1re cuvée	Dijon 2e cuvée
Alcool	8,60	8,10	9,20	9,08
Extrait sec	27,12	14,05	24,22	16,81
Crême de tartre .	2,05	1,76	2,61	1,82

En examinant ce tableau, on voit que les deuxièmes vins sont moitié et un tiers moins riches en extrait sec et que la dose de tartre est aussi moins forte que dans celle de vin de goutte. M. Ladrey, qui en 1881 a fait une analyse de vins de marc, a trouvé :

	1re cuvée	2e cuvée
Pour l'extrait sec.	25,5	et 16,60
Pour le tartre . . .	2,01	et 1,93

D'où nous avons conclu qu'on ne peut annon-

tion), qui troublent d'une manière irréparrable la limpidité du vin. Pour la bonne conservation du vin, il ne faut donc pas s'arrêter au prix, mais, en compensation, exiger du vendeur un tannin chimiquement pur et excessivement léger, presque blanc, comme le tannin Grandval, par exemple.

Les qualités et la couleur naturelle du cachou nous le font conseiller dans la fabrication des deuxièmes vins. Pour les vins blancs et leurs maladies, sa couleur s'oppose à son emploi.

cer exactement a *priori* la quantité d'acide tartrique et tannique à ajouter à une deuxième cuvée.

§ XX. — Les vignerons', dont les vins ne possèdent ordinairement que peu de couleur, feront bien de mélanger à leur deuxième cuvée dix ou douze plans de teinturiers ; on peut les colorer encore sans aucun inconvénient avec des vins du Roussillon ; mais toutes les colorations artificielles doivent être rigoureusement bannies. Les teintes les moins mauvaises se composent habituellement de sucs de plantes rouges (betterave, sureau, hyèble, chou-rouge, etc.) ; mais d'autres, comme la teinte de Fismes, par exemple, renferment, non seulement des éléments étrangers, mais encore des produits nuisibles à la santé, lors même qu'ils ne s'y trouvent qu'en petite proportion.

C'est surtout au sujet des colorants pour les vins que les inventeurs se livrent à tous les écarts de leur imagination. Lisez un de leurs prospectus ; vous serez édifié. Les produits les plus divers, le plus souvent déguisés sous des noms d'emprunt, leurs sont bons.

Parmi les matières colorantes, que l'on rencontre le plus fréquemment dans les vins falsifiés, on peut citer indépendamment de la fuchsine et des diverses préparations désignées sous le nom de *caramels*, la cochenille ammoniacale, l'acide sulfindigotique, le campêche, les rouges d'orcéine et d'orcanette, les roses trémières, les baies de troène, de phytolaca, de cerises, de mûres noires.

On ne saurait trop s'élever contre de pareils colorants quand on peut employer les coupages ou les colorants naturels du vin (1).

§ XXII. — La quantité de marc pressuré qui doit servir de base aux vignerons est donc, d'après la composition même de la vendange, de 50 kilos environ pour un hectolitre de vin à obtenir. Lorsque les marcs ne sont pas pressurés, il faut remplacer le vin de goutte tiré par une égale quantité d'eau.

En résumé, pour fabriquer un hectolitre de vin de marc à 10° alcooliques, il faudra :

Marc pressé	50 kilos.
Sucre	17 —
Eau chaude	96 litres.
Acide tartrique .	de 40 à 100 gr.
Tannin de cachou .	de 10 à 30 gr.

Colorant avec raisins teinturiers *ad libitum*.

(1) Quelques exemples sévères suffiront à faire disparaître ce genre de fraude.

Dans le courant du mois de juin 1882, la douane de Marseille fit saisir 592 hectolitres de vin expédiés de Barcelone par un négociant français, le sieur P..., en raison des qualités suspectes que ce liquide présenta au chimiste de cette administration. Des échantillons prélevés furent examinés par deux spécialistes, qui affirmèrent que le rouge de Bordeaux, colorant minéral à base d'arsenic, était contenu à dose assez forte dans ce vin. Une amende de 500 fr. a donc été prononcée contre le prévenu, et la confiscation de la marchandise saisie a été en outre ordonnée.

Les personnes qui ne possèdent pas de raisins teinturiers peuvent les remplacer et mettre en fermentation avec les autres substances 20 litres de gros vin du Roussillon ou de Narbonne ; on obtiendra un liquide franc de goût, très coloré, à condition toutefois que ces vins n'aient pas déjà subi un coupage.

§ XXII. — De la formule générale précédente, il est facile de déduire le prix du vin de marc. En comptant les manipulations et les faux frais, on voit facilement que le prix de 20 à 21 francs l'hectolitre est une moyenne convenable qui peut donner de brillants bénéfices à l'agriculture. Ce prix serait encore moindre si la réduction de l'impôt sur le sucre était votée.

§ XXIII. — Il est de la plus haute importance de conserver le marc de vendange à l'abri de toute altération, quand on ne peut pas l'utiliser immédiatement après le pressurage.

Nous empruntons aux travaux de M. Pezeyre ce mode de conservation qui est excellent et a déjà rendu de signalés services en 1881.

« Pour conserver le marc, il faut le soumettre de suite à une pression énergique, en extraire tout le liquide qu'il peut céder et, de suite, l'enfermer dans des tonneaux defoncés d'un côté. On y entasse le marc aussi fortement que possible, afin qu'il soit privé d'air, et lorsque le fût est plein, on remet le fond en place. On introduit ensuite de l'eau alcoolisée à 10°, autant qu'il en peut entrer. Ceci fait, on ferme et on assujettit vigoureusement la bonde.

Dans ces conditions, le marc, à l'abri du contact de l'air, se conserve sans aucune altération pendant six mois. Nous tenons de source certaine que du marc de vendange, ainsi traité, a été utilisé au mois de mars suivant, et a permis de fabriquer d'excellents vins blancs avec de l'eau sucrée, en ayant soin de l'émietter et de le recouvrir de suite de liquide dans la cuve à vendange.

Le marc de vendange pressuré, qu'il provienne de raisins rouges ou blancs, est également propre à faire de bons vins d'eau sucrée.

§ XXIV. — C'est une mine très riche, que le viticulteur doit exploiter jusque dans ses derniers filons, afin d'en utiliser toute la valeur. On peut demander au marc de vendange et au sucre, non seulement plusieurs cuvées successives de bon vin, mais encore des eaux-de-vie fines, qui ne le céderont nullement en qualité, en arome, en sève, aux eaux-de-vie de vin pur.

Dans les contrées qui ont l'habitude de brûler le vin plutôt que de le livrer à la consommation, la distillation du vin est plus profitable que sa vente en nature. Le prix élevé des eaux-de-vie de vins, des eaux-de-vie fines, peut et doit déterminer les viticulteurs à recourir à l'emploi du sucre, pour fabriquer deux ou trois fois plus d'eau-de-vie qu'on en obtiendrait par la distillation du vin de raisin pur.

Le viticulteur doit doubler, tripler sa récolte comme celui qui ne fait que du vin. Sachant que 1 kil. 700 de sucre cristallisé ou en poudre blanche produit un litre d'alcool à 100°, qu'il faut conséquemment 170 kil. de sucre pour un hectolitre d'alcool absolu, on voit que l'eau-de-vie ordinaire qui contient des volumes égaux d'alcool pur et d'eau ressortirait au prix de 93 fr. 50 l'hectolitre et que l'eau-de-vie fine ne reviendrait qu'à 100 fr. ou 105 fr.

Dans ces conditions, il peut et il doit y avoir avantage pour le viticulteur à brûler ses vins, en ajoutant du sucre au marc de vendange et en faisant des vins d'eau sucrée envoyés à l'alambic aussitôt que la fermentation a décomposé toute leur matière saccharine.

Voici la manière d'opérer qui nous semble la plus convenable pour avoir une eau-de-vie supérieure.

Le marc de raisin est mis en fermentation avec l'eau sucrée, pour produire 12 degrés d'alcool par hectolitre, en volume égal à celui du jus rendu par le raisin pressuré. Dans le cas où l'on ne connaitrait pas le volume de vin rendu par le moût, on peut se reporter aux quantités employées pour le vin de deuxième cuvée, 50 kilos de marc pressé par hectolitre d'eau sucrée. Cette opération constitue la première cuvée de marc. La fermentation de la première cuvée étant terminée, on soutire le vin et, de suite, on verse sur le même marc, non pressuré, autant d'eau sucrée que pour la première opération. On laisse fermenter, on tire le vin, lorsque sa fermentation est achevée, et l'on fait passer le marc au pressoir afin d'en extraire tout le liquide qui est mêlé avec le vin de la seconde cuvée. Les vins provenant des deux cuvées successives doivent être soumis à la distillation aussitôt qu'ils ne donnent plus aucun signe de fermentation. L'eau-de-vie qu'on obtient de ces deux espèces de vins possède les mêmes qualités que l'eau-de-vie de jus de raisin pur.

§ XXV. — C'est après les dernières opérations sur les vins ou sur les eaux-de-vie que l'on peut presser et represser le marc, qui devient par les recoupages à la bêche d'une dureté comparable à celle de la pierre. Dans cet état, il peut être l'objet de divers traitements et rendre encore de réels services.

La fabrication du vinaigre d'alcool a pris une importance considérable depuis quelques années, et l'avenir semble lui réserver encore de beaux jours. Mais, pour que l'eau-de-vie faible se convertisse facilement en acide acétique (en vinaigre) il est indispensable d'y introduire des sucs végétaux, nécessaires à l'alimentation, à l'activité du ferment. Sur le marc de raisin, déjà lavé plusieurs fois à l'eau sucrée, on peut fabriquer des piquettes qui constituent une excellente matière à ferment pour la vinaigrerie.

Le tableau des quantités de sucre à dissoudre par hectolitre d'eau donnera toutes les doses voulues pour permettre de faire des piquettes à un degré alcoolique désiré. Ces piquettes donnent un vin médiocre que l'on emploie pour les boissons des ouvriers ou que l'on vend aux fabricants de vinaigre.

§ XXVI. — Après que le marc a servi à faire plusieurs cuvées de vin, après avoir pressuré tout le vin de la dernière cuvée et fait de la piquette ensuite, on doit soumettre le dernier résidu à la distillation pour en obtenir l'esprit de marc. La distillation a lieu presque toujours à feu nu ; certaines parties du marc atteignent une haute température et l'alcool de vin ne se distille pas seul ; il entraîne en petite quantité des alcools amylique (Balard), propylique (Chancel), caproïque (Faget), butyrique (Wurtz), auxquels l'eau-de-vie de marc doit ce parfum particulier si goûté d'un certain nombre. La distillation des marcs est avantageuse ; elle dépend de la qualité et de la quantité du vin qu'ils renferment. La quantité d'eau-de-vie rendue sera toujours plus grande après des fermentations successives qu'après une seule cuvée. Cela tient à la propriété du marc d'absorber l'alcool pendant et après la fermentation. On peut encore utiliser le marc pour la nourriture du bétail.

Dans ce but, à la sortie de l'alambic, on l'entasse par couches dans des tonnes, on le sale, on le presse, et on bouche soigneusement pour ne l'utiliser qu'au fur et à mesure des besoins.

Lorsque ces conserves ont été bien faites, elles offrent aux animaux une matière alimentaire fort recherchée et ayant une odeur de raisiné des plus agréables. Les propriétés nutritives du marc varient selon qu'il est grappé ou composé exclusivement de cosses de raisins. Dans le Mont-d'Or Lyonnais, les paysans possèdent des brebis réduites à la stabulation permanente et qui sont complètement nourries avec les produits de la vigne, feuilles en été, et marc en hiver. Ils obtiennent de ces bêtes, outre les produits ordinaires, un lait abondant et riche qui sert à fabriquer le fameux fromage de Mont-d'Or.

Si le marc n'est pas utilisé pour la nourriture du bétail, on peut le brûler. 1000 kilos de marc donnent environ 120 ou 125 kilos de cendres représentant 26 ou 27 kilos de carbonate de potasse sec (Chaptal).

Le meilleur emploi qu'on puisse faire de ces cendres est de les restituer à la terre et de les utiliser comme engrais.

§ XXVII. — On sait que chaque espèce de plante cultivée a pour une des principales matières fertilisantes (azote, potasse, acide phosphorique) une prédilection spéciale; celle qui jouit de cette influence est appelée dominante et de nombreuses expériences ont prouvé que cette dominante fait assimiler à la plante, en plus grande proportion, les autres éléments qui la constituent.

Composition moyenne des ceps de vigne (Michaud). — 100 grammes de ceps renferment :

Eau évaporée à 100°. . . . . . 16 gr.
Eau et matières organiques . . 79 » 25
Cendres . . . . 3 » 75

Les cendres renferment :

Matières insolubles . . . . . 3 gr. 38
Matières solubles. . . . . . 0 » 37

En moyenne 100 grammes de cendres renferment :

Potasse. . . . . 15 gr. 420
Soude . . . . 4 » 600
Chaux . . . . 28 » 310
Magnésie. . . . . 4 » 760
Oxyde de fer et alumine . . 0 » 340
Acide sulfurique combiné . . 1 » 470
Acide phosphorique combiné. 11 » 730
Silice . . . . 0 » 510
Chlore. . . . . 0 » 230
Acide carbonique combiné. . 21 » 180
Résidu insoluble de charbon
et de sable . . . . 11 » 050

D'après la composition des cendres de la vigne, on voit que la potasse et l'acide phosphorique sont les deux principes dominants. Ces produits sont puisés dans le sol par la plante, et comme tous les sols ne les renferment pas, il s'ensuit que la culture de la vigne ne donne pas dans tous les sols d'excellents résultats. Les terrains calcaires ou calcaires argileux sont préférables pour la vigne aux fortes terres, aux sols à humus. Les premiers donnent un bois petit, mais résistant, un vin savoureux et se conservant bien.

Les seconds produisent beaucoup de sarments, peu de fruits, un vin plat et perdant encore ses qualités en vieillissant.

Le choix d'un terrain propice est donc très important.

Voici la composition moyenne des terrains de nos pays :

Débris calcaires	435 gr.
Sable calcaire.................	220 »
Calcaire siliceux pulvérulent, et humus.....................	235 »
Substances diverses...........	110 »
Total...........	1000 gr.

Ces 1000 grammes se décomposent ainsi chimiquement :

Carbonate de chaux, magnésie....	410,02
Sels de potasse, soude.........	3,33
Phosphate de chaux, magnésie....	6,21
Sulfate de chaux...............	8,10
Oxyde de fer..................	35,14
Produits organiques..........	163,40
Silice, alumine, résidus insolubles	373,90
Total.........	1000,00

La restitution des divers éléments enlevés à la terre est nécessaire pour éviter l'appauvrissement du sol. « On a calculé que chaque année les sarments, les feuilles et les raisins enlèvent au sol, par hectare de vignoble, et au minimum :

Potasse......................	16 k.	42
Soude	0	15
Chaux	12	45
Magnésie	3	24
Acide phosphorique	7	23
Acide sulfurique...............	1	92
TOTAL...........	41 k.	41

« Au maximum, la valeur des substances enlevées peut s'élever jusqu'à 327 kilos, dont 60 kilos de potasse par hectare. » (Michaud.) On restituera donc à la terre les éléments que nous trouvons dans la composition des cendres, en évitant de charger l'engrais de *matières azotées* qui sont *toujours nuisibles* à la vigne.

« L'abondance de fumier azoté altère la composition de la sève des ceps, détruit l'équilibre qui doit exister entre ses éléments, rend les sarments moins ligneux et moins durs. Sous l'influence d'une forte fumure, la proportion de tannin diminue; les raisins renferment plus d'eau et moins de sucre, produisent un vin moins savoureux, moins alcoolique et plus sujet à graisser. » (Michaud.)

La vigne, ainsi que toutes les plantes qui ont la potasse pour dominante (les légumineuses par exemple), prendra à l'air l'azote dont elle aura besoin ; le viticulteur lui rendra surtout les produits minéraux qui conviennent à sa constitution et au développement des raisins.

« On peut former un très bon engrais pour la vigne par le mélange suivant, qui est d'une préparation facile et peu coûteuse : on mélange, par couches alternatives, parties égales de fumier ordinaire de ferme avec les substances suivantes :

« Marc de raisin, feuilles et pousses de vigne, sarments coupés et brisés. Os pilés ou des phosphates. Cendres de bois après lessivage. Lies de vin.

« On forme le mélange dès que la vendange est terminée, puis on recouvre la masse d'une couche de bonne terre calcaire marneuse.

« On arrose de temps en temps avec du purin d'écurie, et la fermentation a lieu. » (Michaud.)

L'usage de cet engrais rendra les ceps plus robustes et plus durables ; les raisins seront aussi abondants qu'avec le fumier ordinaire, mais ils seront plus savoureux, le vin sera plus parfumé, de meilleure qualité et de conservation plus facile.

Lorsqu'on est obligé de recourir aux engrais chimiques, il faut que leur composition donne à l'analyse les dosages moyens suivants :

Azote (inutile, peut être supprimé).

Potasse (et non sels de potasse).... 12 %

Acide phosphorique soluble....... 10 %

Corresp^t à phosphate de chaux sol. 23 °/₀

Phosphate de chaux total .... 30 °/₀

L'expérience prouve qu'il faut répandre l'engrais en janvier ou février au plus tard, afin qu'il ait le temps, avant le printemps, de pénétrer jusqu'aux racines. On l'enterre de deux façons différentes :

1° En creusant autour de chaque pied une fosse de forme circulaire dont la profondeur doit être au moins de 15 centimètres. Il faut éviter de découvrir les petites racines que le contact de l'engrais pourrait détruire; on le met dans le trou creusé en le mélangeant à la terre du fond, et l'on rabat la terre qui avait été relevée. De cette façon, on évitera les lavages occasionnés par les grandes pluies, lorsque l'engrais est seulement répandu sur le sol.

2° A la charrue. Cette manière d'opérer est plus économique, mais elle n'est possible que lorsque la disposition de la vigne le permet. Quelquefois, pour éviter un peu la main-d'œuvre, on profite, pour répandre l'engrais, de la première façon donnée à la vigne au printemps.

La dose par cep de vigne pour les engrais chimiques est ordinairement de 75 grammes. Le moyen le plus simple est d'avoir une petite mesure contenant cette quantité.

« Enfin, il ne faut pas oublier que tous les résidus qui proviennent de la vigne, tels que sarments, feuilles, rameaux verts ; marc de raisins frais ou distillés, pepins, résidus de lies de vin, cendres de ceps et de sarments, etc., etc., forment l'engrais le plus riche et le meilleur pour la vigne et doivent lui être restitués.» (Michaud.)

§ XXVIII. — Les vins de marcs, tels que nous venons de les faire, constituent une boisson ne contenant aucun élément étranger à la vigne.

C'est peut-être pour ce motif que l'État perçoit des droits égaux sur le vin naturel et sur le vin fabriqué. N'est-il pas regrettable de payer autant, pour le vin de marc ou de raisins secs que pour le Clos-Vougeot qui a une valeur commerciale 100 fois plus grande ? Ne pourrait-on dégrever un peu cet impôt qui pèse lourdement sur les petites bourses, et, naturellement, sur le plus grand nombre de consommateurs. La question est certainement délicate, difficile, mais on peut la résoudre.

On ne peut vendre ces vins comme vins naturels.

L'acheteur qui les prendrait sans être averti de leur mode de fabrication, croyant acheter du vin de première goutte, serait trompé sur la qualité de sa marchandise ; il y aurait donc là une duperie condamnée par la loi.

Chaque produit doit être vendu sous le nom qui lui est propre. En faisant autrement, le vendeur est doublement coupable ; il trompe l'acheteur, et menace de ruiner à l'étranger la vieille réputation de nos produits.

Les propriétaires ou vignerons peuvent faire de ces vins tant qu'ils veulent pour la consommation et en vendre, s'ils proviennent des marcs de leur récolte. S'ils achetaient les marcs pour fabriquer et vendre, ils tomberaient sous le coup du fisc, et seraient soumis à la patente. Les vins, enfin, ne peuvent être vendus, pour être en règle avec la bonne foi commerciale et la loi, que sous le nom de vin de marc ou de vin de deuxième cuvée.

§ XXIX. — Le nom sonne mal, mais la chose est bonne, bonne au point de vue économique et bonne au point de vue hygiénique et moral.

Au point de vue économique, elle remédie à la pénurie du raisin dans les mauvaises années ; elle compense dans une certaine mesure les pertes dues à l'oïdium, le phylloxera, le mildew.

Elle augmente les ressources du Trésor public et de la viticulture, notre principale industrie. Elle encourage notre culture nationale par la consommation du sucre indigène employé. Enfin, elle permet de laisser en France une partie des 360 millions de francs que nous donnons annuellement aux Espagnols, Italiens ou Hongrois, pour l'importation de leurs vins.

Au point de vue hygiénique et moral, elle permet de lutter contre l'abus de l'alcool ? Prenons la ville de Paris comme exemple : « tandis que la consommation du vin y restait à peu près fixe à 4 millions d'hectolitres, celle de l'alcool y passait, en dix années, de 60,000 hectolitres à 130,000 ; elle avait donc plus que doublé.» (Dumas, 17 mai 1882.) Quant on réfléchit à quelle somme de désordres cérébraux, de malheurs domestiques, de débauches, de délits et de crimes, d'infirmités incurables, de morts prématurées et de vices héréditaires correspond cet accroissement de la consommation de l'alcool, on n'en est que plus disposé à favoriser une industrie qui permet de livrer en tout temps aux classes laborieuses une boisson saine, chaude, peu coûteuse, et aussi exempte que possible de toute sophistication.

L'avenir de ces vins est immense, et nous serons heureux si ce modeste travail contribue pour sa faible part à faire disparaitre les préventions dont ils ont été l'objet.

VINS DE RAISINS SECS

Les causes qui ont donné naissance aux produits de deuxième cuvée ont aussi fait naître le vin de raisin sec. Nos faibles lumières, dit Figuier (année 1881), ne nous permettent pas de discerner le vin fait avec des raisins desséchés du vin fait avec des raisins frais. Ils contiennent en effet, l'un et l'autre, exactement les mêmes principes, sauf l'eau ; de sorte que si l'on rend au raisin sec l'eau qui lui manque, on reconstitue le jus naturel de la vigne, lequel, après sa fermentation, donnera du vin en tout semblable au vin habituel. Quant on prépare du vin de Malaga, du vin muscat de Frontignan, de Lunel, de Rivesaltes, etc., on laisse le raisin se dessécher sur la souche, et c'est avec de véritables raisins secs que l'on obtient ces vins délicieux. Dira-t-on que les vins de Malaga, de Frontignan, de Lunel, ne sont pas naturels parce qu'on a mis dans la cuve des grappes desséchées ? Et, si ce produit est licite et naturel, comment a-t-on pu un moment déclarer illicites et frauduleux des vins préparés avec du raisin desséché à Smyrne, à Salonique, en Grèce, au lieu d'avoir été desséchés sur la souche à Malaga, à Frontignan, à Lunel ? A nos yeux la fabrication du vin avec des raisins secs, auxquels on restitue l'eau qui leur manque pour composer le moût, est donc une opération parfaitement justifiable, parfaitement honorable, et il faut ajouter parfaitement indiquée dans la déplorable situation actuelle de la viticulture européenne. Les premières proscriptions du ministre de l'Agriculture ont été, depuis, tellement atténuées, que la fabrication en grand de ces vins est actuellement une branche importante de notre industrie nationale.

L'économie qu'un ménage réaliserait en faisant son vin nous a décidé à donner quelques détails sur cette fabrication appropriée à la famille.

Comme pour les sucres, dans les opérations de sucrage et des vins de deuxième cuvée, le choix des raisins secs est très important, et comme pour le sucre, les raisins les plus chers sont souvent les plus économiques.

Les raisins secs prennent souvent le nom des pays qui nous les envoient.

Corinthe. — Ceux de Corinthe sont petits, riches en sucre, à enveloppe très fine, sans pepins, propres, et d'un goût particulier extrêmement faible. Ces deux qualités surtout les font préférer aux autres. Ils nous viennent du Péloponèse. Actuellement, on en obtient des quantités très considérables dans les îles de la Grèce, principalement à Patras, à Zante ; la meilleure qualité provient de Patras, de Votizza, de Zante et de Corinthe.

Thyra. — Les raisins de Thyra nous viennent de Smyrne ; ils sont plus gros que les précédents, plus riches en sucre il est vrai, mais mélangés de terre et d'impuretés. L'enveloppe est grossière et dure.

Samos. — Les raisins de Samos sont expédiés de l'île de même nom ; ils diffèrent très peu des Thyra sous tous les rapports.

Vourla. — Ceux de Vourla ont la grosseur des raisins de Malaga ; très riches en sucre, ils ont le défaut de donner au vin, comme les raisins de Samos, du reste, un parfum et une saveur de muscat auxquels nous ne sommes pas habitués.

Le tableau suivant donne les qualités des vins et le rendement approximatif en alcool fourni par la même quantité de ces différentes sortes de raisins (33 k^{os} par hectolitre).

RAISINS	DEGRÉ du VIN	ODEUR	COULEUR
Corinthe . .	8°50 à 9°50	nulle	nulle
Thyra . .	8,50 à 9,50	raisins secs	rosée
Samos . .	9,50 à 10,50	muscat	rouge plus ou moins foncé.
Vourla . .	9,50 à 10,50	muscat	rouge

Les raisins de Samos et de Vourla, en raison du bouquet qu'ils transmettent au vin, et ceux de Thyra en raison des impuretés qu'ils renferment, ne sont généralement employés que par des fabriques, qui font le vin avec un mélange de tous ces raisins.

La petite fabrication utilise ordinairement le raisin de Corinthe ; il doit cette préférence à sa propreté, à son parfum agréable et surtout à ce qu'il n'a nul besoin d'être préalablement mouillé ni broyé, grâce à la faible résistance de son enveloppe.

La fabrication du vin de raisin sec comprend les principales opérations qu'on fait subir au raisin frais, pour faire le vin naturel. Nous ne ferons que rappeler sommairement ces dernières, et nous ne décrirons que celles qui ont spécialement rapport au raisin sec.

Triage. — Le choix du raisin étant fait, il faudra le trier avec soin en le privant de tous les corps étrangers qui peuvent altérer le vin dans sonparfum ou dans sa constitution et désagréger le plus possible les parties agglomérées.

Trempage. — Dans cet état on met le raisin dans une cuve avec la quantité d'eau voulue pour le gonfler et ramollir la peau. L'eau doit être très pure et chauffée à 70° environ. Il faut éviter avec soin les eaux calcaires et sulfatées (gypse) qui ne donneraient pas de bons résultats. L'opération du trempage doit durer environ 48 heures.

Foulage. — Lorsque le raisin a repris sa forme première, quand il s'écrase facilement entre les doigts, on le passe au fouloir : si la fabrication est de peu d'importance, on peut le fouler au moyen d'un pilon en bois. Si la quantité de vin à fabriquer dépasse 5 ou 6 hectolitres, il faut prendre un broyeur mécanique. Le plus répandu et le moins compliqué est le fouloir de M. Moireau, de Dijon. Quoique d'un prix modique, cet appareil possède toutes les qualités d'un excellent écraseur. Son emploi est facile et la force dépensée est minime. Un homme, selon la grandeur du modèle, peut écraser de 40 à 75 hectolitres de raisins à l'heure.

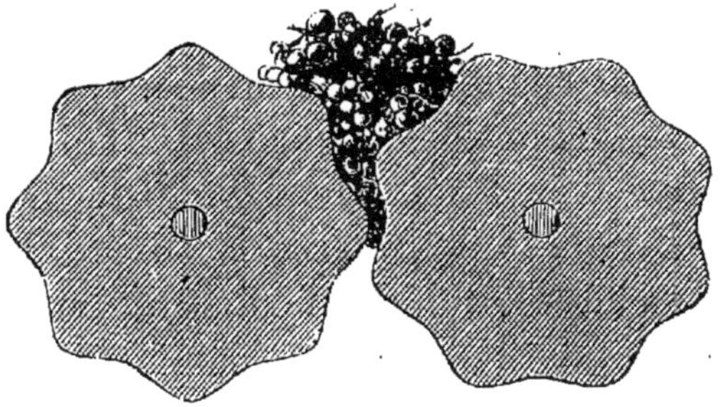

L'opération du foulage est très importante. C'est elle qui prépare le raisin à une bonne fermentation, en écrasant chaque grume et mettant le jus sucré en état de se transformer entièrement en alcool. Les grains non brisés immédiatement peuvent éclater pendant la fermentation, cela est vrai, mais ce sont ces grains qui occasionnent des fermentations lentes et qui produisent des décompositions secondaires. Ceux qui n'éclatent pas sont une perte en sucre et en alcool.

Fermentation. — Après le broyage, le raisin et l'eau forment un véritable moût ; on n'a plus qu'à le mettre dans la cuve à fermenter et à suivre toutes les indications exigées pour obtenir une bonne fermentation (1).

— Conserver une température égale de 18 à 25°.

— Empêcher la formation du chapeau en maintenant les raisins enfoncés dans le liquide.

— Opérer le soutirage aussitôt la fermentation achevée.

On peut suivre la marche de la fermention et connaître préalablement le degré qu'aura le vin en pesant le moût au densimètre (2).

Cette opération pourra se répéter tous les jours; elle fournira les moyens de constater par la diminution des degrés du sucre la bonne marche de la fermentation. Une fermentation bien conduite sous une température de 18 à 22°, dure généralement de 8 à 9 jours. On reconnait que cette opération est à son terme :

1° Lorsque le raisin tombe au fond de la cuve.

2° Quand le dégagement de gaz acide carbonique a cessé et que partant il n'y a plus d'ébullition.

3° Lorsque la température du liquide est la même que celle du milieu dans lequel il se trouve.

(1) Voir les renseignements sur la fermentation, page 33 et page 74.
(2) Voir page 20.

Le liquide en fermentation peut faire monter le thermomètre de 2° à 5°, suivant que l'ébullition est plus ou moins active.

4° Lorsque le densimètre sera à 1°.

« Il arrive assez souvent que les trois premières conditions se réalisent et que le densimètre s'arrête à 2°; cette fermentation incomplète se finit dans les tonneaux après le soutirage.» (Barbier.)

On devra prévoir cette opération avant la mise en fermentation et protéger l'ouverture intérieure du robinet contre les matières qui pourraient l'obstruer. Pour cela, il faut l'entourer d'un panier *ad hoc*; ou, s'il s'agit d'une cuve, de quelques fagots de sarments.

On aura soin de mettre le vin dans un tonneau exempt de mauvais goût et passé à la mêche de soufre.

Généralement on obtient 2/3 de vin par le soutirage et 1/3 par le pressage.

Dès que la partie liquide est ainsi transvasée, on presse les marcs, dont le produit est ajouté au vin, après avoir été clarifié séparément.

On soutire de nouveau après quelques jours de repos.

Si le produit n'est pas suffisamment clair, on prolonge son repos jusqu'à ce qu'il se clarifie de lui-même. S'il tardait trop, on le collerait, et, après un nouveau repos, on obtiendrait une limpidité des plus brillantes.

On peut utiliser le marc de la même façon que le marc frais. On en fait de l'eau-de-vie, on le donne comme nourriture au bétail ou à la volaille, ou enfin on le brûle, pour mélanger les cendres au fumier.

Pour la fabrication en grand des vins de raisins secs, M. Audibert, de Marseille, a inventé un appareil spécial dont on nous fait les plus grands éloges et qui se recommande à l'attention publique par les qualités suivantes :

— Le pressurage des marcs est inutile.

— La température extérieure de l'appareil est indifférente et ne gêne en rien la fermentation.

— Celle-ci se faisant exclusivement avec des liquides, les décompositions ou fermentations ne peuvent avoir lieu.

— La fabrication complète, depuis l'entrée du raisin dans l'appareil jusqu'au collage, se fait en 10 jours.

— Le rendement est plus grand d'environ 10 0/0 qu'avec les procédés ordinaires.

— Enfin les vins sont francs de goût et de tous points excellents. On peut en produire au maximum 100 hectolitres par jour.

Le tableau suivant, extrait de l'excellent ouvrage de M. Audibert, indique les quantités de raisins et d'eau qu'il faut employer, dans la fabrication en grand, pour obtenir des vins plus ou moins riches en alcool.

Quantité de raisins raisins de Corinthe	Quantité d'eau à ajouter	Quantité de vin obtenue	Quantité d'alcool que renferme le vin
100 kil.	150 lit.	150 lit.	18 à 20 %
100 »	175 »	175 »	15 à 17 »
100 »	200 »	270 »	13 à 14 »
100 »	225 »	225 »	12 à 13 »
100 »	250 »	250 »	11 à 12 »
100 »	275 »	275 »	10 à 11 »
100 »	300 »	300 »	8 à 10 »
100 »	325 »	325 »	6 à 8 »

Avec les quantités et les produits suivants on doit obtenir un excellent résultat.

Eau chauffée à 70°. . . . . . 100 litres.

Raisins de Corinthe. . . . 33 kilog.

Acide tartrique . . . . 30 grammes.

Tannin de cachou. . . . . 15 grammes.

L'acide tartrique sera fondu dans l'eau et le cachou saupoudré sur les raisins.

Cette formule donne un vin de 8 à 10° d'alcool, titre que possède généralement les vins de nos pays.

Faut-il le transformer en vin rouge?

Non ; à moins qu'on n'ait sous sa main un vin rouge naturel et haut corsé en couleur dont on mélangera audit vin blanc une certaine proportion. Tout autre procédé de coloration artificielle serait illusoire, ou pour mieux dire frauduleux. Additionnés de 10 à 20 0/0 de gros vins, les vins de raisins secs constituent donc un très bon ordinaire dont le prix est essentiellement réduit.

« Ce vin, parfaitement salubre, possède toutes les propriétés du vin ordinaire de raisins frais.

« Du reste la seule différence entre eux se trouve dans le bouquet et dans les proportions de tannin qui sont moins développées dans le premier que dans le dernier. » (Michaud.)

Le cultivateur et l'ouvrier des villes trouveront dans cette fabrication un vin sain, hygiénique, peu coûteux et, dans tous les cas, préférable à tous les points de vue aux boissons frelatées, qu'on leur livre très cher et qui n'ont du vin le plus souvent que le nom.

LA VIGNE

EN TUNISIE ET EN ALGÉRIE

Il est dans les habitudes françaises d'ouvrir des pays nouveaux à la civilisation européenne. Ne pouvons-nous aussi avoir quelques idées pratiques et chercher à rentrer autant que possible dans les sacrifices de toute nature que nous avons faits pour l'Algérie et que nous allons faire pour la Régence?

« Notre rôle en Tunisie, dit à juste titre M. Prévost, ne doit pas se borner à lui donner une administration française, à assurer l'ordre à l'intérieur, à la protéger à l'extérieur. A cela il n'y aurait qu'honneur. Nous devons encore et surtout lui apprendre à tirer de son riche sol tous les produits qu'il peut fournir. Nous y aurons à la fois honneur et profit.

« Il nous importe de rechercher quel meilleur emploi on pourrait donner à ces vastes terrains encore improductifs qui, intelligemment cultivés pourraient enrichir ce pays. Des coteaux parfaitement exposés, qui se trouvent certainement dans les conditions les plus favorables pour la production d'un vin excellent, abondent en Tunisie. Jusqu'à présent, ils ont été laissés sans culture. Il est de notre intérêt et même de notre devoir d'en user. »

Usons-en ! Et nous introduirons une activité nouvelle en Afrique, nous obtiendrons d'excellents résultats colonisateurs par le contact continuel de nos colons avec les habitants du pays, et nous trouverons certainement « le moyen de remédier à l'insuffisance de notre production vinicole continentale, d'échapper à la tutelle de l'Espagne et de l'Italie centrale, qui menacent de nous envahir avec leurs produits, de rétablir l'équilibre ancien entre nos exportations et nos importations.» (Prévost.)

Le sol de ces pays se prête merveilleusement à la culture de la vigne.

Diodore et Polybe rapportent que les Carthaginois s'y adonnaient avec succès.

Au moment de la conquête musulmane, un auteur arabe écrit que de Tanger à Tripoli, ce n'est qu'une suite de jardins plantés d'oliviers et de vignes; ce vaste espace n'est qu'une ombre continue.

Desfontaines écrivait au siècle dernier : « La Barbarie produit un grand nombre de fruits particuliers aux climats chauds, orangers, grenades, raisins.....»

M. Dureau de la Malle nous dit que l'agriculture était parvenue à un haut degré de perfectionnement (*Univers-Carthage*) et le docteur Franck, ancien médecin du bey de Tunis, écrit dans l'*Univers-Tunis* : « Le raisin est abondant dans toutes les parties de la Régence; il est savoureux et exquis, et probablement pourrait fournir un vin égalant ceux de l'Italie, de la Grèce et de l'Espagne. »

Au lieu d'exporter ses produits comme elle le fait, à l'état de raisins secs, que la Tunisie fasse du vin, comme l'Algérie : des résultats semblables lui sont réservés.

En Algérie (1), la vigne a toujours progressé, mais, dans les premières années, les mises de fonds qu'exigent les grandes plantations, les difficultés qu'éprouvaient les premiers viticulteurs à faire un vin potable et se conservant, la nécessité de construire des celliers, avaient empêché l'essor général de cette production si rémunératrice, si désirée de tous les propriétaires Depuis quelques années, divers colons ont commencé à faire du bon vin. Leur installation est améliorée, leur vaisselle vinaire suffisante, leurs vignes sont arrivées à un certain âge; enfin, ils ont une expérience de plusieurs années. L'ensemble de ces bonnes conditions a permis de triompher des difficultés opposées par tant d'obstacles et par un climat nouveau. En mai 1858, la Société centrale d'horticulture de France admit à son exposition des produits de l'Algérie; la Commission constata que la plupart des vins algériens étaient de qualité médiocre et qu'ils manquaient

(1) Extrait de l'*Histoire des Progrès de l'agriculture en Algérie*, Exposition universelle de 1878.

de soins suffisants dans leur fabrication. A l'Exposition universelle de 1867, on remarqua un sensible progrès ; les procédés de fabrication étaient meilleurs, le matériel bien plus complet et les bons cépages mieux connus. Cet aménagement supérieur, cette expérience de la vinification, permit de marcher de mieux en mieux. Voici comment se termine la notice du catalogue spécial de l'Algérie à l'Exposition universelle de Vienne de 1873, publiée par le ministère de l'Intérieur : « En résumé, l'industrie vinicole a fait de grands progrès en Algérie dans ces dernières années.

« La production des vins rouges qui était arriérée comme qualité sur celle des vins blancs s'est aussi beaucoup améliorée, et à l'Exposition de Lyon, en 1872, on a pu constater dans les échantillons envoyés une différence sensible par rapport à ceux de l'Exposition de 1867. »

Enfin à l'Exposition agricole d'Alger, en 1876, un grand nombre de propriétaires ont apporté, en dehors des vins blancs et de liqueur, de nombreux vins rouges de table, bien faits, bien conservés et parmi lesquels certains se distinguaient par des qualités véritables de bouquet. Leur solidité a paru assez établie pour que l'administration en fit une demande de 1286 hectolitres aux propriétaires.

L'Exposition de 1878 n'a fait que confirmer les bons rapports précédents sur les vins de notre colonie : ces faits sont intéressants en présence des ravages que le phylloxera continue à exercer dans les plus riches vignobles de France.

L'année 1882 a été très favorable aux nouveaux viticulteurs algériens; ils ont recueilli en effet quantité et qualité. Si pareille abondance se rencontrait plusieurs années de suite, pour beaucoup de nos colons ce serait la fortune, pour l'avenir de notre colonie, ce serait un encouragement à l'immigration.

Un fait montre que la qualité des vins algériens sans être très-fine, est au moins bonne ; c'est que plusieurs commerçants de Paris ont fait directement le voyage pour traiter avec des producteurs algériens et qu'un certain nombre d'achats ont été ainsi faits.

D'autres producteurs ont dirigé leur récolte sur la France, soit sur les ports de la Méditerranée, soit même sur Paris. Les négociants semblent à peu près d'accord sur ce point. C'est que, comme qualité, ces vins seront très-utilement employés dans leur commerce pour obtenir, par des coupages, ce vin de qualité moyenne qui entre dans la consommation parisienne pour près de 90 pour cent de la quantité totale consommée à Paris et qu'on désigne d'ordinaire sous le nom de vin de ménage.

Il nous a été donné de pouvoir déguster plusieurs échantillons des vins envoyés à l'Exposition d'Amsterdam; nous pouvons affirmer que ces vins seront appréciés.

L'exposé de la situation, fait au conseil supérieur, en novembre 1877, par M. le gouverneur général, indique les quantités de vignes plantées comme étant de 18,208 hectares. M. Djernon, dans les conférences officielles faites en 1878 à Alger, porte cette superficie à 22,000 hectares. Depuis les plantations se sont développées avec une grande activité dans les trois provinces. L'Algérie possède actuellement près de 40,000 hectares de vignes. En 1880, on a récolté 430,000 hectolitres de vin : si les espérances pour 1883 ne sont pas déçues, on atteindra cette année 450,000 hectolitres.

On a reproché aux vins d'Algérie de ne pouvoir ni voyager, ni se conserver, de tourner au vinaigre, de fermenter continuellement. Nous avons eu à examiner plusieurs échantillons de ces vins.

— Un d'eux était changé en un mauvais vinaigre ; plusieurs étaient malades ;

— Deux autres, tout en étant de bonne qualité, possédaient un peu de fermentation ;

— Un seul était excellent de tous points, et pouvait certainement rivaliser avec nos meilleurs Bourgogne.

Tous, malgré leurs états divers, étaient fortement chargés en bouquet et renfermaient les éléments nécessaires pour produire un vin de première qualité. Leurs défauts proviennent généralement du *mode de fabrication* et des soins mauvais ou inintelligents donnés à la *fermentation*.

Une des erreurs qui se sont malheureusemement le plus accréditées dans la colonie, est celle qui consiste à croire qu'il suffit d'avoir été bon vigneron ou viticulteur en France pour faire du bon vin en Algérie. Sous nos climats tempérés, la vigne croit et se développe d'une façon naturelle, le raisin mûrit généralement à point et la fermentation a lieu à une température moyenne. En Afrique, deux cas se présentent : 1° ou le raisin renferme à peu près la même quantité de sucre que celui de nos pays et le moût possède à peu près la même densité ; 2° ou le raisin est fortement chargé en sucre.

Nous étudierons chacun de ces cas séparément.

Quand on verse dans les cuves la vendange convenablement écrasée, la fermentation alcoolique se produit immédiatement. Cette délicate opération qui, dans les pays tempérés doit durer au minimum 5 à 6 jours, se trouve terminée en 6 ou 7 heures en Algérie. Le ferment, qui ne peut vivre à une haute température, devient inactif, sauf à reprendre son activité quand le vin se trouve dans les conditions voulues de température. C'est le phénomène qui se passe chaque fois que l'on transporte les vins d'Algérie en France. Nous nous en apercevons malheusement chaque année en les dégustant.

Le commandant B..., propriétaire de vignes

à Souk ahras, nous disait qu'intérieurement les celliers où se font les vins possèdent la température extérieure et sont à peine protégés aux ouvertures, contre les ardeurs du soleil, par quelques tissus de paille ou de feuilles. Dans ces conditions de chaleur, on n'obtiendra jamais qu'une mauvaise fermentation et par là un vin inachevé, piquant et sans conservation possible. L'alcool que l'on devrait retirer du sucre se trouve réduit à la moitié.

La partie colorante si recherchée dans les vins, est presque nulle dans une fermentation aussi rapide : les viticulteurs ne pouvant laisser macérer les grappes dans leurs cuves, sous peine de voir leur vin se piquer.

L'ennemi d'une bonne vinification en Algérie est donc la température excessive qui règne à l'époque des vendanges. Pour obtenir des vins colorés, riches de tout leur alcool et sucs, il suffit de ramener la température du moût de 15° à 25° environ. Ce titre est celui qui est le plus favorable à une bonne fermentation. Il faut en un mot la régulariser au moyen du froid. *(Monit. de l'Alim.)*

Le moyen le plus simple est de construire, au lieu de chais, des caves chargées de terre et couvertes en chaume, de protéger les ouvertures contre les ardeurs du soleil, de telle sorte que la température du lieu où on a fait le vin soit au plus de 20° centigrades. La température de la cuve à fermentation peut être abaissée en munissant la partie inférieure d'un serpentin, dans lequel on fait passer continuellement un courant d'eau froide ou refroidie artificiellement par un mélange de glace et de sel.

On a préconisé l'emploi de la glace ou de l'eau froide mises à même dans le moût. Ce procédé donne prise à la critique, parce qu'il ajoute au vin une quantité d'eau qu'il n'a pas naturellement, et, tout en facilitant la fermentation, rabaisse le titre alcoolique et la quantité relative des autres substances ; c'est un mouillage déguisé ; il doit être proscrit. En somme, à tout prix, le seul objectif du viticulteur algérien doit être d'opérer le phénomène de la fermentation entre 18 et 25°.

Nous ne pensons pas utile de parler longuement des principes élémentaires qui doivent présider à cette opération. Ces principes font partie des connaissances pratiques qui ont rendu les viticulteurs de France célèbres entre tous (1). Je vais cependant les rappeler en quelques mots. Pour que la fermentation soit bonne, il faut qu'elle soit faite dans les conditions suivantes :

1° Les cuves à fermenter doivent être très propres, pour détruire les moisissures qui ont pu se former dans l'année sur les parois intérieures.

2° Les raisins doivent être broyés. Ceux

(1) Voir sur la fermentation, pages 33 et suivantes

dont la peau épaisse n'a pas été écrasée préalablement peuvent résister au ferment et n'être broyés qu'au pressoir. En ajoutant au vin leur jus sucré, ils prolongent outre mesure la fermentation. Le broyeur le plus simple et donnant les meilleurs résultats est le « fouloir

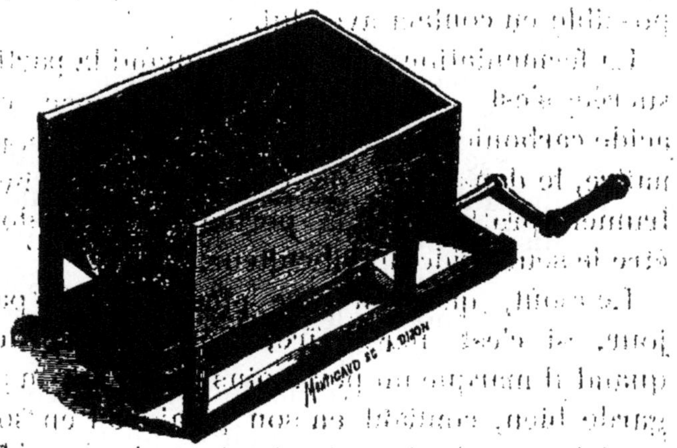

Moireau. » Cet instrument fait éclater toutes les grumes sans blesser les grappes ni les pépins. Avec lui, la fermentation se fait uniformément ; le vin, plus abondant, renferme une plus grande quantité de matières colorantes et de tannin qui contribue beaucoup à sa conservation ; le pressurage est plus facile et plus rapide.

3° La fermentation ne doit être ni trop lente, ni trop rapide. Il faudra donc maintenir la température égale entre 15° et 25° centigrades, pour éviter, par trop de lenteur, les décompositions des corps gras ; et par trop de rapidité, l'oxydation de l'alcool et la fermentation acétique.

4° Le moût ne doit pas avoir un trop grand contact avec l'air pour éviter les mêmes désagréments que ci-dessus.

5° Enfin, aussitôt que la fermentation est terminée, il faut avoir soin de soutirer le vin et de laisser le marc le moins longtemps possible en contact avec lui.

La fermentation est terminée quand la partie sucrée s'est complètement transformée en acide carbonique et en alcool. Pour le reconnaitre, le densimètre de Gay-Lussac, cet instrument pratique et à la portée de tous, doit être le seul guide du viticulteur.

Le moût, que l'on pèse plusieurs fois par jour, si c'est nécessaire, doit être soutiré quand il marque un peu moins de 1°. Qu'on se garde bien, confiant en son palais ou en son expérience, de juger soi-même du moment opportun du soutirage ; on risque toujours de se tromper.

Le vin algérien, sortant de la cuve, doit être dirigé dans des futailles fortement soufrées et tenues, autant que possible, dans des endroits très frais. En Algérie, on doit éviter le contact de l'air avec le vin sortant de la cuve, et surtout s'écoulant d'un robinet dont le jet est divisé. Le vin puise souvent là des principes d'acétification qui sont la cause de sa perte plus tard. *(Mon. de l'Alim.)*

Raisins fortement sucrés. — Pour les raisins fortement sucrés, la première fermentation est excessivement tumultueuse. Malgré le refroidissement de la cuve, l'opération s'arrête en peu de jours et le moût reste chargé de sucre.

L'alcool provenant de la fermentation a été produit en quantité suffisante pour paralyser le ferment avant que celui-ci ait pu transformer tout le sucre en alcool. On a donc dans ce cas un vin très alcoolique et sucré tels que quelques vins d'Italie, de Sicile, de Grèce, d'Espagne et du midi de la France. Le mieux alors est de livrer son vin sucré, au lieu d'employer le procédé du mouillage qui, tout en permettant au sucre de fermenter complètement, diminue les quantités d'extrait et les autres principes du vin et ne donne en somme qu'un vin étendu d'eau, sinon pour le degré alcoolique, au moins pour les autres produits. En résumé, la fermentation du vin, soit en cuves, soit en tonneaux, est une opération très délicate et très importante pour obtenir de bons vins. Aussi, dans plusieurs vignobles de France, les vignerons apportent autant de soins à surveiller la fermentation des vins qu'ils en mettent à leur manutention dans les caves.

Il est certain que la plupart des vins algériens seraient très supérieurs en qualité si leur *fermentation* était faite dans de meilleures conditions.

« Les nombreux coteaux qui ont été plantés en vigne dans l'Algérie produisent maintenant, et, quoique les résultats obtenus n'aient peut-être pas entièrement encore répondu aux espérances qu'on avait conçues, on n'en a pas moins dû reconnaître qu'il y avait là, pour l'avenir, une source de revenus considérables, en même temps qu'une cause de transformation rapide pour notre riche colonie africaine. » (Prévost.)

Si nous ne pouvons vaincre le phylloxera, soit directement, soit par la greffe (1), c'est aux viticulteurs algériens à soigner et à travailler leurs vendanges de façon à enlever à leur vin ses dernières imperfections, pour nous permettre de leur demander les 360 millions de vin importés actuellement par l'étranger.

(1) Le Kurdistan, depuis des siècles déjà, ne possède que des vignes greffées sur le peuplier.

TABLE

LE SUCRAGE DES RAISINS ET DES MARCS

SUCRAGE DES RAISINS

SUCRAGE DES MARCS

VINS DE RAISINS SECS

LA VIGNE EN TUNISIE ET EN ALGÉRIE

www.ingramcontent.com/pod-product-compliance
Ingram Content Group UK Ltd.
Pitfield, Milton Keynes, MK11 3LW, UK
UKHW051844140726
13696UKWH00007B/1278